NEWTON PRESS
兒童伽利略 1

動物學校

人人出版

前言

大家好，我的名字叫「小紅豬」。

現今有各種動物生活在地球上，而且種類多得驚人。

在動物園裡也能看到獅子、大象、長頸鹿等多種動物的身影。

這些動物在自然界中過著什麼樣的生活，又具備哪些高超的能力呢？

小紅豬

這次我與我的好朋友「小藍兔」即將揭開各種動物的神祕面紗。

　　閱讀本書後獲得的知識，不妨驕傲又大方地與爸爸、媽媽及朋友分享哦！

2024年11月
小紅豬

小藍兔

目次

前言 ... 2
本書的特色 ... 8
角色介紹 ... 9

動物照相館

挑戰看看吧！動物謎題① ...
動物謎題①的答案 ... 12
挑戰看看吧！動物謎題② ...
動物謎題②的答案 ... 16
數量正在逐漸減少的動物 ...

第 1 節課　基本的動物知識

01 動物從何時開始出現？... 20
02 以前沒有巨大的「哺乳類」？... 22
　下課時間　表示生物演化的「親緣關係樹」... 24
03 什麼是演化？如何發生的？... 26
04 表示生物分類的親緣關係樹 ... 28
05 為什麼生物分成雄性和雌性？... 30
　下課時間　地底深處也有生物世界 ... 32
06 陸地生物之間的關係 ... 34
07 海洋生物之間的關係 ... 36
08 提供生態系動力的「關鍵」物種 ... 38
09 不同的生態系維繫著各式各樣的物種 ... 40
　下課時間　人類的演化 ... 42

第 2 節課　現今的動物

01 從骨骼來觀察狗與貓的差異吧 … 44
02 為什麼有這麼多種狗呢？… 46
03 狗的起源可以追溯到狼！… 48
04 狗與貓的祖先「小古貓」是什麼樣的動物？… 50
05 貓熊可愛長相的祕密與吃竹子有關！… 52
06 為什麼長頸鹿的脖子那麼長？… 54
07 像斑馬的「㺎㹴狓」是生活在密林裡的長頸鹿！… 56
08 大象的祖先過去曾在海中游泳？… 58
09 潛身大海的哺乳類鯨豚的獨特生活方式 … 60
10 使用嘴喙的感應器來捕捉獵物的鴨嘴獸 … 62
11 鳥翅演化出飛行能力的過程 … 64
12 有些鳥雖然有羽毛卻無法飛翔！… 66
13 專精於在陸地上奔跑的鴕鳥 … 68
14 姿態彷彿翱翔空中！在海裡悠游的企鵝 … 70
15 龜殼有什麼作用？… 72
16 蛇的脖子到底在哪裡？… 74
17 廣布於全球海域的烏賊是演化的大贏家！… 76

下課時間　樂園的滅亡 … 78

5

第 3 節課　來窺探一下動物的社會吧

- 01 為什麼動物會組成「群體」？ ... 80
- 02 各種動物基於不同目的組成群體 ... 82
- 03 除了人類之外還有許多聰明的動物 ... 84
- **下課時間** 烏鴉也是善用工具的高手 ... 86
- 04 各種動物有不同的結婚形式 ... 88
- 05 確保食物來源及結婚對象的「領域」 ... 90
- 06 幫助親戚有其意義 ... 92
- **下課時間** 吸血蝠也會幫助非親戚的同類 ... 94
- 07 動物世界中的清潔員與顧客 ... 96
- 08 寄生並控制對方的可怕動物 ... 98
- 09 動物對植物來說是搬運工 ... 100
- **下課時間** 有些動物會飼養並利用別種動物 ... 102

第 4 節課　動物們的生活與高超能力

- 01 吃或被吃的求生大戰① ... 104
- 02 吃或被吃的求生大戰② ... 106
- **下課時間** 變色龍其實沒有那麼「擅長隱身」 ... 108
- 03 會用毒進行攻擊的動物 ... 110
- 04 會用毒保護自己的動物 ... 112
- **下課時間** 毒也能當作藥！善用毒物的人類 ... 114
- 05 為了爭奪雌性，拚了命也要贏！ ... 116
- 06 飄浮在空中！蜂鳥「拍動翅膀」的祕密 ... 118
- 07 乘風飛翔！大型鳥類「滑翔」的祕密 ... 120
- 08 宛如忍者！在水面上奔跑的雙冠蜥 ... 122
- 09 巢的功能①生育後代 ... 124
- 10 巢的功能②躲避外敵侵擾 ... 126
- 11 巢的功能③捕捉獵物 ... 128

12 巢的功能④冬眠時的睡鋪 ... 130
13 大家一起興建宛如公寓的巢穴 ... 132
下課時間 各式各樣的動物卵 ... 134

第5節課 體型嬌小卻很厲害的昆蟲們

01 蛹的內部充滿了黏稠液體？毛毛蟲是怎麼變成蝴蝶的？ ... 136
02 昆蟲視力絕佳的祕密 ... 138
03 獨角仙的幼蟲對疾病很有抵抗力！ ... 140
04 鳳蝶能透過前腳試吃味道 ... 142
05 利用各種方法來聯繫同類的昆蟲 ... 144
下課時間 在巢穴中栽培蕈菇的白蟻 ... 146
06 危險的工作就交給長者！工蜂的分工制度 ... 148
07 為什麼蟑螂逃跑的速度可以那麼快？ ... 150
下課時間 外表可愛卻是世界最強？神祕生物水熊蟲 ... 152

第6節課 動物的未來

01 什麼是「生物多樣性」？ ... 154
下課時間 遺傳多樣性至關重要的原因 ... 156
02 造成動物生活改變的「地球暖化」 ... 158
03 人類導致動物「滅絕」的原因有哪些？ ... 160
04 由於農業需求遭到破壞的動物棲息地 ... 162
05 人類活動汙染河川及海洋 ... 164
06 海水溫度上升造成珊瑚礁死亡 ... 166
07 人類引進的生物破壞生態系 ... 168
下課時間 自然恢復需要時間 ... 170

十二年國教課綱對照表 ... 172

本書的特色

一個主題用2頁做介紹。除了主要的內容，還有告訴我們相關資訊的「筆記」以及能讓我們得到和主題相關小知識的「想知道更多」。

此外，在書中某些地方會出現收集有趣話題的「下課時間」，等著你去輕鬆瀏覽哦！

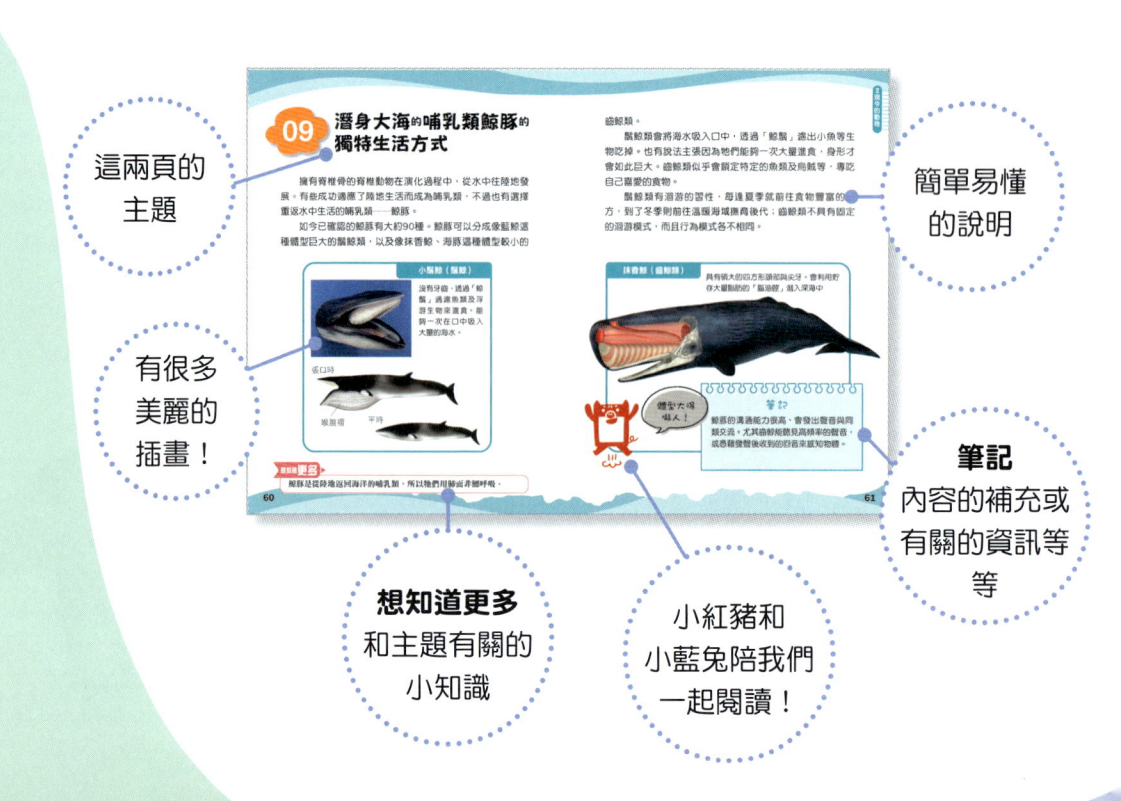

這兩頁的主題

有很多美麗的插畫！

想知道更多
和主題有關的小知識

小紅豬和小藍兔陪我們一起閱讀！

簡單易懂的說明

筆記
內容的補充或有關的資訊等等

8

角色介紹

小紅豬

【兒童伽利略】科學探險隊的小隊長。圓圓的鼻子是最迷人的地方。

小藍兔

小紅豬的朋友,科學探險隊的隊員。很得意自己有像兔子一樣長長的耳朵。雖然常常說些笨話,但倒是滿可愛的。

小紅豬也能變身唷!

貓

狗

蝴蝶

動物照相館

挑戰看看吧！
動物謎題

A

大家都長得好像喔！

10

先來回答問題！
這裡有外表非常相似的3種動物。請問牠們分別是什麼動物呢？

\B/

/C\

11

動物照相館

小貓熊

A

雖然長得很像，
但是分別屬於
不同種動物。

答案：A為小貓熊、B為貂、C為浣熊。尤其貂與浣熊真的十分相像。浣熊的耳緣與鬍鬚呈現白色，鼻梁有黑色線條；貂的耳緣偏黑，鼻梁沒有線條。如果有機會在動物園看到牠們，不妨仔細觀察這些動物有什麼差異。

C

浣熊

B

貉

下次就能分清楚了！

13

動物照相館

A

B

接著是第二題。這些照片拍下了多種動物的尾巴。請問大家知道牠們分別是什麼動物嗎?

C

D

光看尾巴
好難判斷喔……

15

動物照相館

A

斑馬

B

貛㹢狓

真像斑馬！

16

C

獅子好雄壯喔！

獅子

D

老虎

　　答案：A為斑馬、B為㺢㹢狓、C為獅子、D為老虎。斑馬與㺢㹢狓的背影非常相似。不過，㺢㹢狓屬於長頸鹿科而非斑馬所屬的馬科。

17

動物照相館

數量正在逐漸減少的動物

住在北極周邊的北極熊會在海冰上狩獵。如今，由於地球暖化使海冰融解，導致部分北極熊無法充分進食而死亡。

　　如今，我們在動物園看到的動物因為地球溫度上升、遭到人類濫捕等問題，數量正在逐漸減少。不妨好好想想，我們可以做些什麼來守護這些動物呢？

第 **1** 節課

基本的動物知識

雖然統稱為「動物」，不同生物的樣貌及生態卻包羅萬象，豐富得令人吃驚。說不定有很多事實和我們的認知不大一樣。讓我們一起閱讀本書，成為動物小博士吧！

走吧！

01 動物從何時開始出現？

大家有去過動物園嗎？園裡有好多種動物，例如獅子、老虎、貓熊、長頸鹿等。那麼，這些動物是從什麼時候開始出現在地球上呢？

無眼無足的生物

狄更遜水母
全長：數十cm

厄尼艾塔蟲
全長：約3cm

金伯拉蟲
全長：數cm

查恩盤蟲
全長：數十cm～100cm

三腕蟲
全長：約5cm

約爾加蟲
全長：約16cm

想知道更多
寒武紀時有各種動物突然誕生的現象稱為「寒武紀大爆發」。

像當今動物這樣具有高度運動能力的動物，據生物學研究，誕生於大約5億年前的「寒武紀」時代。至於更早出現在地球上的動物，因為沒有眼睛、牙齒乃至於四肢，所以應該不會像當今動物那樣進行狩獵或大範圍移動。可是進入寒武紀之後，以「奇蝦」這種肉食動物為代表，具有複雜身體構造的各種動物便相繼誕生，動物界「捕食與被捕食」的關係從此正式展開。

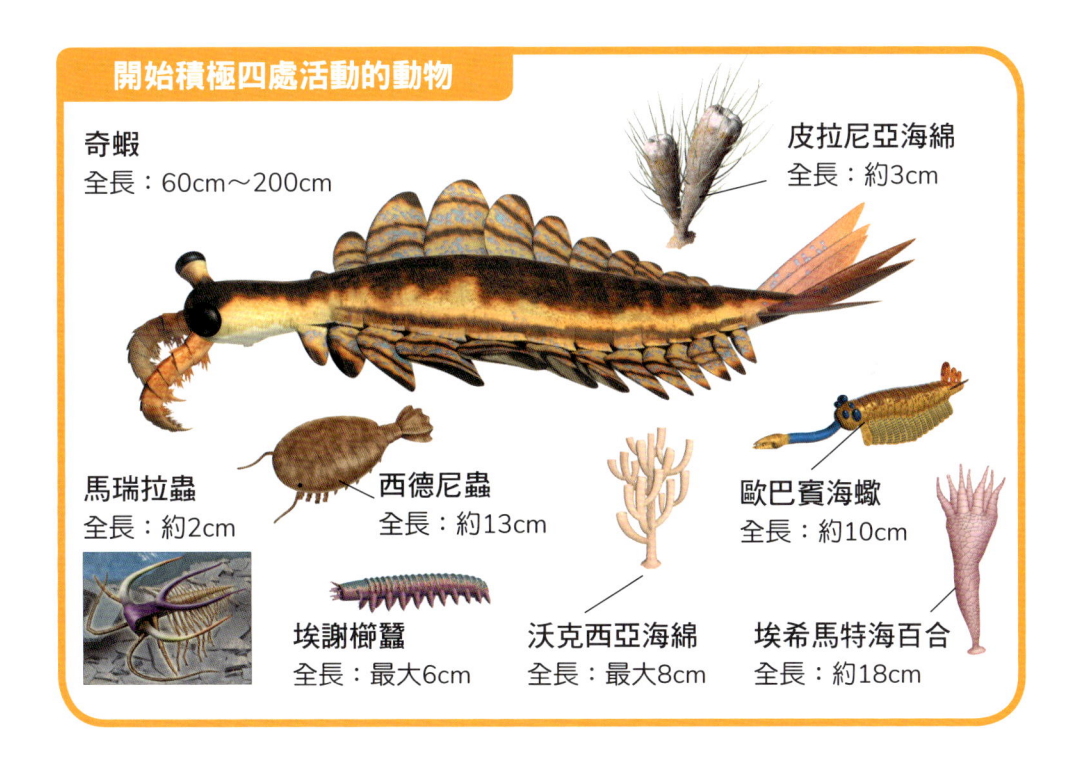

開始積極四處活動的動物

奇蝦
全長：60cm～200cm

皮拉尼亞海綿
全長：約3cm

馬瑞拉蟲
全長：約2cm

西德尼蟲
全長：約13cm

歐巴賓海蠍
全長：約10cm

埃謝櫛蠶
全長：最大6cm

沃克西亞海綿
全長：最大8cm

埃希馬特海百合
全長：約18cm

※ 插圖參考布里格斯（Derek Briggs，1950～）博士等人的《伯吉斯頁岩化石圖譜》及「The Burgess Shale」（https://burgess-shale.rom.on.ca/）等資料復原而成。各插圖的相對大小並未依照比例繪製。

02 以前沒有巨大的「哺乳類」？

　　動物主要可以分成五大類：「哺乳類」、「鳥類」、「爬蟲類」、「兩生類」以及「魚類」。這五大類又合稱為「脊椎動物」。其中，當今世上體型最大的動物屬於哺乳類。哺乳類當中有很多巨大的動物，包括鯨魚、大象、長頸鹿等等。

猶因他獸
屬於恐角目，體長3公尺的巨獸。

貘犀
可能是犀科動物祖先的奇蹄目。

冠齒獸
屬於已經滅絕的全齒目草食動物。

想知道更多
現存最大的海洋動物為「藍鯨」，最大的陸地動物為「非洲象」。

伊神蝠
最古老的蝙蝠類。

　　話雖如此，哺乳類並非一開始就生得如此巨大。據說哺乳類的祖先早在大約2億5200萬年前（三疊紀開始）就在地球上現蹤，而當時也是恐龍剛剛出現的時代。那時哺乳類的祖先躲在森林深處低調生活，體型只有小型動物那麼大而已。但是在恐龍滅絕（約6600萬年前的白堊紀末）以後，哺乳類的祖先開始往陸地、水域、天空發展，進而衍生出適應了不同環境的樣貌及生態。

填補環境的演化過程

哺乳類在恐龍滅絕以後，誕生出適應了不同環境的多樣物種。一般認為，各種動物是有如填補環境空缺般演化而來。

武中爪獸
像狗的中爪獸類。

父貓
始新世的代表性肉齒目動物。

始貧齒獸
大小接近狐狸的貧齒目動物。

1 基本的動物知識

下課時間

表示生物演化的「親緣關係樹」

　　生物會隨著演化分化成各式各樣的物種，用來表示演化過程的圖表稱為「親緣關係樹」（系統樹），如左頁所示。依照從過去到現在的時間順序，可以由下至上繪製親緣關係樹，也可以像右頁圖表那樣由左至右繪製。

　　圓圈部分稱為「節點」（分歧點），代表共同祖先。本圖也有依據「脊椎骨」、「顎與硬骨」等條件，標示出各個共同祖先具有的特徵。舉例來說，從右圖即可得知「哺乳類是從共同祖先A演化而來的動物中，會以母乳育兒的動物」。

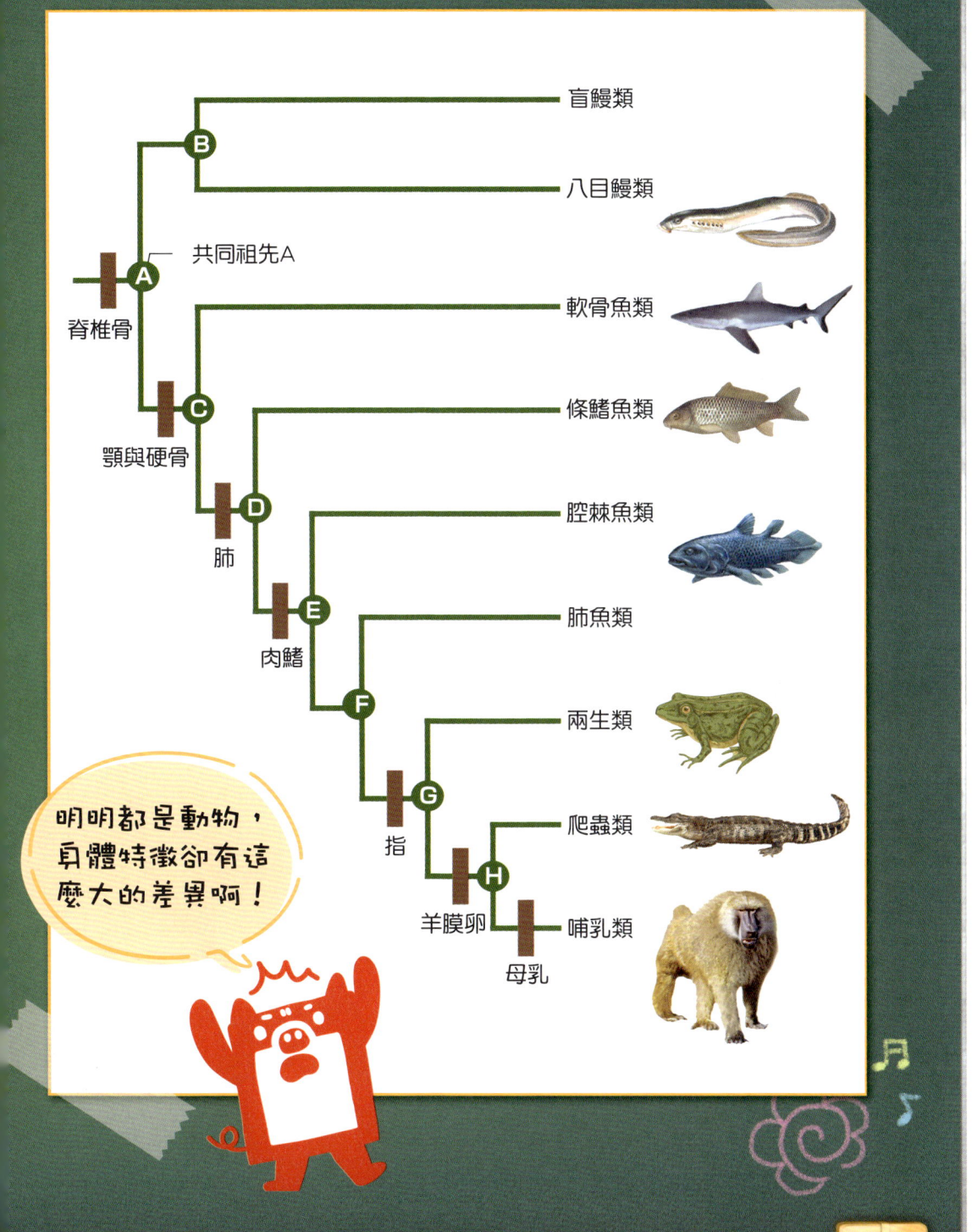

脊椎動物的親緣關係樹

- 脊椎骨
  - A 共同祖先A
    - B
      - 盲鰻類
      - 八目鰻類
    - 顎與硬骨
      - C
        - 軟骨魚類
        - 肺
          - D
            - 條鰭魚類
            - 肉鰭
              - E
                - 腔棘魚類
                - F
                  - 肺魚類
                  - 指
                    - G
                      - 兩生類
                      - 羊膜卵
                        - H
                          - 爬蟲類
                          - 母乳 — 哺乳類

明明都是動物，身體特徵卻有這麼大的差異啊！

25

03 什麼是演化？如何發生的？

　　演化是指「生物經過很長一段時間逐漸變化」的過程。有各種原因會促使演化發生，其中之一便是「天擇」（自然選擇）。天擇是指樣貌及生態有利於生物存活下來，進而代代繁衍的運作規律。接著就來介紹天擇最著名的例子——加拉巴哥群島的雀鳥「唐納雀」。加拉巴哥群島是由多座島嶼構成，各個島上住著鳥喙形狀各異的唐納雀。在盛產堅硬樹果的島嶼，具有強壯鳥喙能啄碎樹果的唐納雀比較容易存活，繁衍也相對順利。那座島上具有強壯鳥喙的唐納雀因此逐漸增多。

　　就像這樣，由於加拉巴哥群島各島盛產的食物不同，促使唐納雀演化出各種形狀的鳥喙。

> **想知道更多**
> 　其他促使演化的因素還有「性擇」、「突變」。

1 基本的動物知識

13. 紅木樹雀
主要吃昆蟲。具有尖銳的鳥喙。樹棲型唐納雀。

3. 大仙人掌地雀
主要吃植物，如圓扇仙人掌的花等。地棲型唐納雀。

4. 仙人掌地雀
主要吃植物。地棲型唐納雀。

1. 綠鶯雀
主要吃昆蟲。

2. 尖嘴地雀
主要吃植物。地棲型唐納雀。

5. 勇地雀
主要吃植物。地棲型唐納雀。

6. 小地雀
主要吃植物。地棲型唐納雀。

平塔島
赫諾韋薩島
馬切納島
費爾南迪納島
聖地牙哥島
聖菲島
聖克魯茲島
聖克里斯托巴爾島
伊莎貝拉島
艾斯潘諾拉島
弗雷里安納島

2. 啄木樹雀
主要吃昆蟲。樹棲型唐納雀。

11. 中樹雀
樹棲型唐納雀。

9. 素食樹雀
主要吃植物。樹棲型唐納雀。

10. 大樹雀
主要吃昆蟲。樹棲型唐納雀。

8. 大嘴地雀
主要吃植物，會用鉗子般的鳥喙啄碎樹果等。地棲型唐納雀。

7. 小樹雀
主要吃昆蟲。樹棲型唐納雀。

加拉巴哥群島的唐納雀

有17種唐納雀棲息在構成加拉巴哥群島的諸島嶼，這裡繪出了其中的13種。

27

04 表示生物分類的親緣關係樹

大家知道蕈菇（真菌）和我們動物的關係比和植物還要親近嗎？明明蕈菇也像植物一樣靜止不動，「蕈菇比較親近動物」的說法聽起來好神奇啊！那麼，我們又是用什麼方法

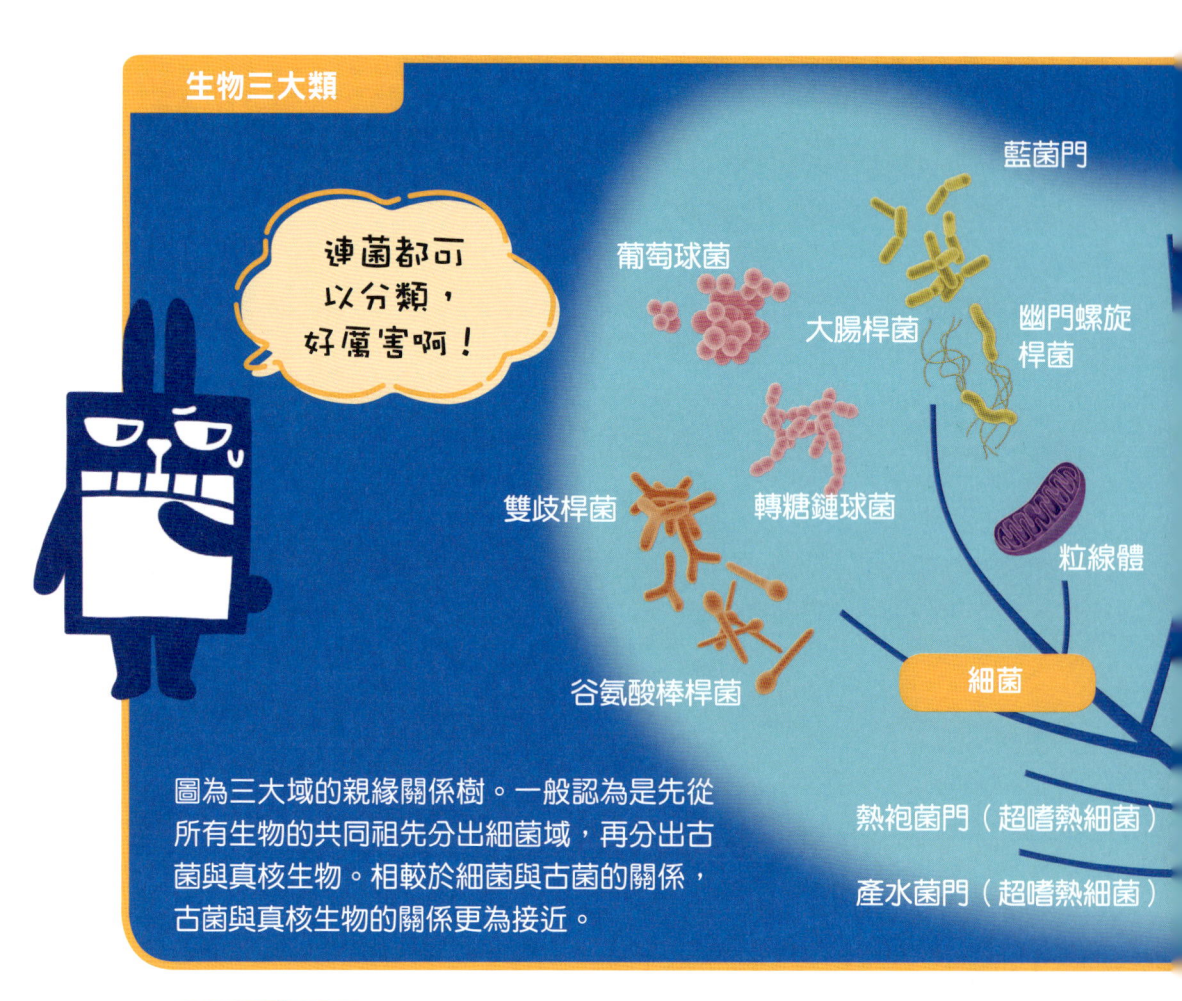

生物三大類

連菌都可以分類，好厲害啊！

藍菌門
葡萄球菌
大腸桿菌
幽門螺旋桿菌
雙歧桿菌
轉糖鏈球菌
粒線體
谷氨酸棒桿菌
細菌
熱袍菌門（超嗜熱細菌）
產水菌門（超嗜熱細菌）

圖為三大域的親緣關係樹。一般認為是先從所有生物的共同祖先分出細菌域，再分出古菌與真核生物。相較於細菌與古菌的關係，古菌與真核生物的關係更為接近。

為地球上的生物做分類呢？

　　首先，生物可以概分成三大類：「細菌」、「古菌」、「真核生物」。其中的真核生物包含動物、植物、真菌以及各種「原生動物」。下圖是根據美國的微生物學家烏斯（Carl Woese，1928～2012）於1990年提出的分類方法（三域系統）繪製而成。這個方法是依照所有生物都有的「核糖體RNA」（rRNA）來比對生物間的親緣關係並加以分類。

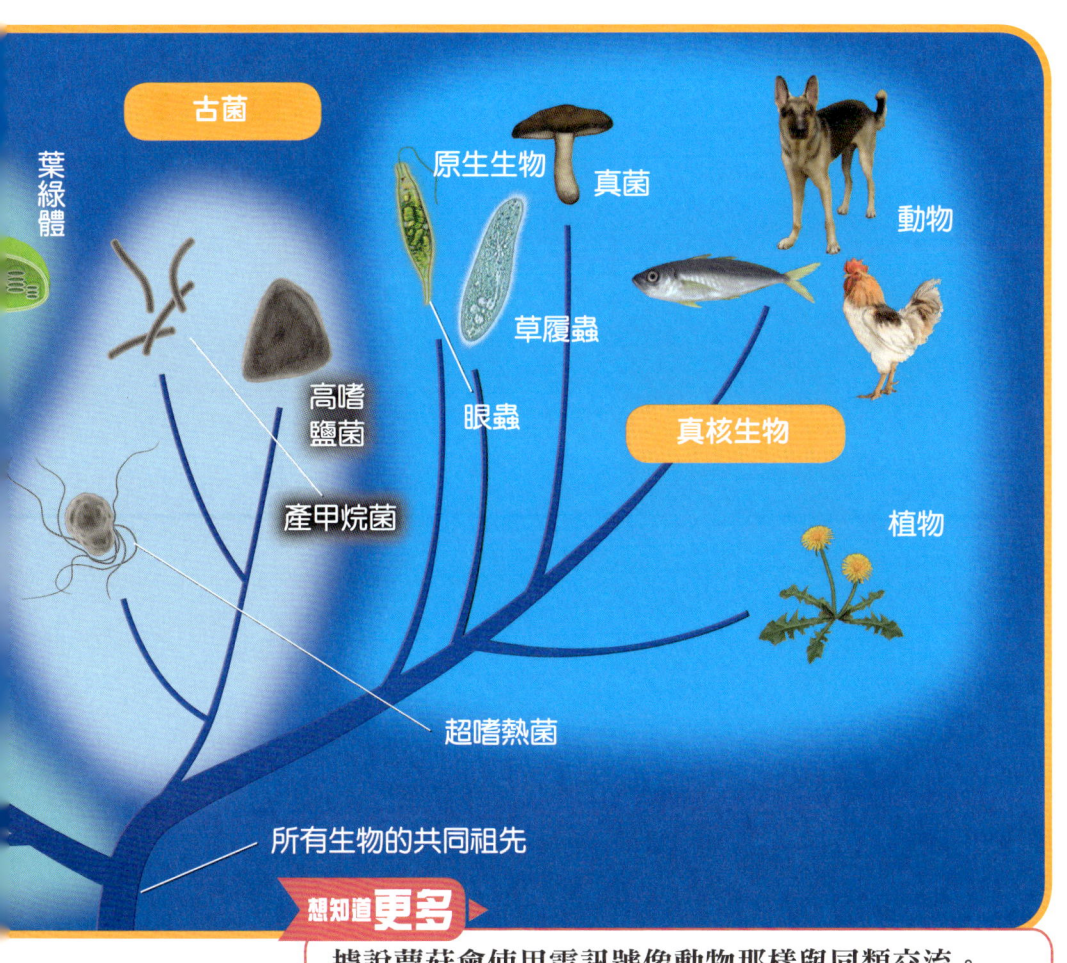

古菌
葉綠體
原生生物
真菌
動物
高嗜鹽菌
草履蟲
眼蟲
真核生物
產甲烷菌
植物
超嗜熱菌
所有生物的共同祖先

想知道更多
據說蕈菇會使用電訊號像動物那樣與同類交流。

05 為什麼生物分成雄性和雌性？

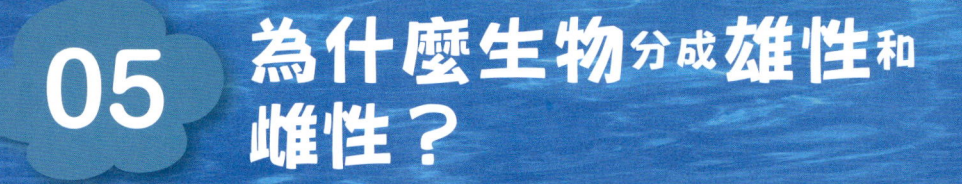

　　據說生物之所以分成雄性與雌性，是為了戰勝可能帶有各種疾病的細菌及病毒。

　　生物繁衍後代的過程稱為「生殖」，生殖又分成透過雄性與雌性結合繁衍後代的「有性生殖」，以及不必透過雄性與雌性結合即可繁衍後代的「無性生殖」。以無性生殖產生的後代具有和親代完全一樣的遺傳訊息，相當於「複製體」。

1 基本的動物知識

　　以無性生殖產生的複製體都擁有相同的弱點，一旦感染了疾病就無法留下強健的後代，可能會全族滅亡。相對於此，經由有性生殖誕生的後代則具有不同於親代、也不同於兄弟姊妹的性質，即使疾病傳播，仍會有免疫力較強的後代得以存活。一般認為這就是生物分成雄性和雌性的原因。

筆記

某些生物的性別並非此生永遠固定，有時候可能會改變。這種現象稱為「變性」（性轉換），會變性的脊椎動物包括魚類和部分兩生類。

想知道更多
有些動物甚至兼具雄性與雌性的功能（雌雄同體）。

下課時間

地底深處也有生物世界

近年來，人們發現地底深處存在著數量驚人的生物。根據國際研究團隊在2019年的報告，地球的地底下存在廣達大約23億立方公里的生物世界。23億立方公里幾乎相當於海洋體積（約13億立方公里）的兩倍大。棲息在那裡的生物大多是「細菌」、「古菌」這類非常小的生物。

牠們的生活方式與居住在地面的我們有著極大差異。地底深處不僅陽光無法抵達，也沒有什麼食物。而且還是壓力、溫度都很高的地方。這些生物從水及「甲烷」等物質獲得能量，時間感與居住在地面的我們截然不同，過著極為緩慢的生活。

還有好多我們不知道的世界存在呢!

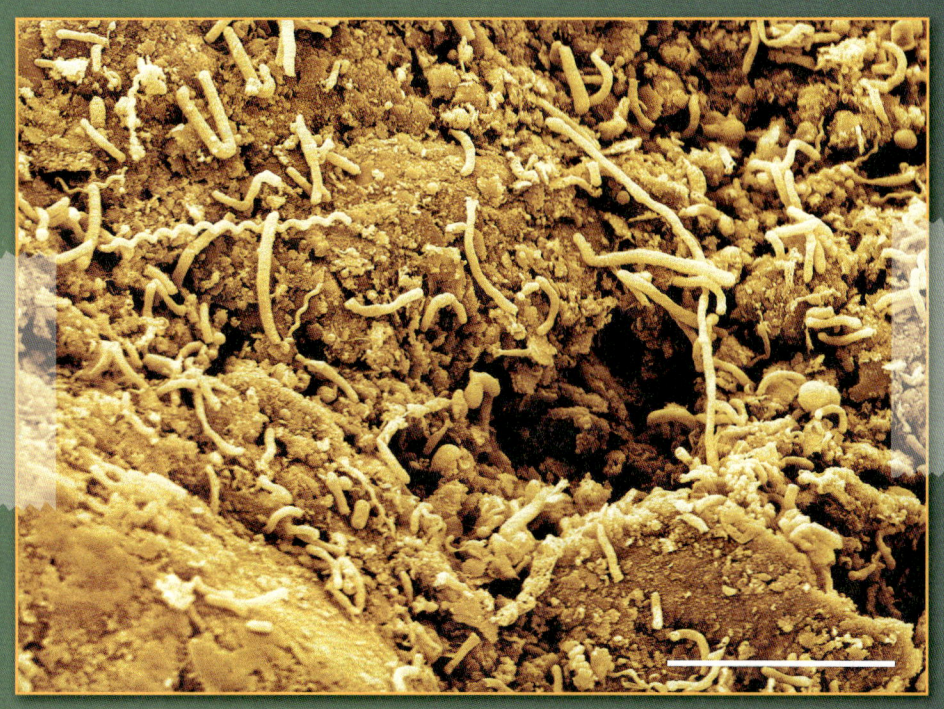

棲息在地球最深處的微生物群
上圖為從海底下約2公里處採集的微生物,以電子顯微鏡拍攝而得。宛如蚯蚓般蠕動的長條是微生物(細菌或古菌)。右下角的比例尺為0.01毫米。

06 陸地生物之間的關係

　　接著，來看看與動物息息相關的「生態系」。生態系是指「由各種生物與環境建構的循環」。

　　在生態系中，生物之間存在著「吃」與「被吃」的關係（捕食與被捕食的食物鏈）。這裡就以莽原為例，來了解什麼是陸地的生態循環吧。

　　首先，樹木、花草等植物會利用陽光與周遭的「二氧化碳」及水來製造能量並成長（光合作用）。而瞪羚、斑馬等草食動物以這些植物為食。接下來，獅子等肉食動物會獵捕這些草食動物。等到動物死亡，土壤中的微生物群便會分解這些屍體。最終分解出來的成分將重新被植物吸收。

>**想知道更多**
>當某些動物消失，可能導致整個生態系瓦解。

食物鏈的運作規律

在陸地生態系中，養分的循環方式如下：

1. 植物利用陽光與二氧化碳進行光合作用，製造能量。再透過能量及從土壤吸收的物質（營養鹽）成長。
2. 草食動物及昆蟲以植物為食。
3. 肉食動物以草食動物為食。
4. 微生物分解落葉及動物的屍體。
5. 植物吸收被分解的物質（營養鹽）。

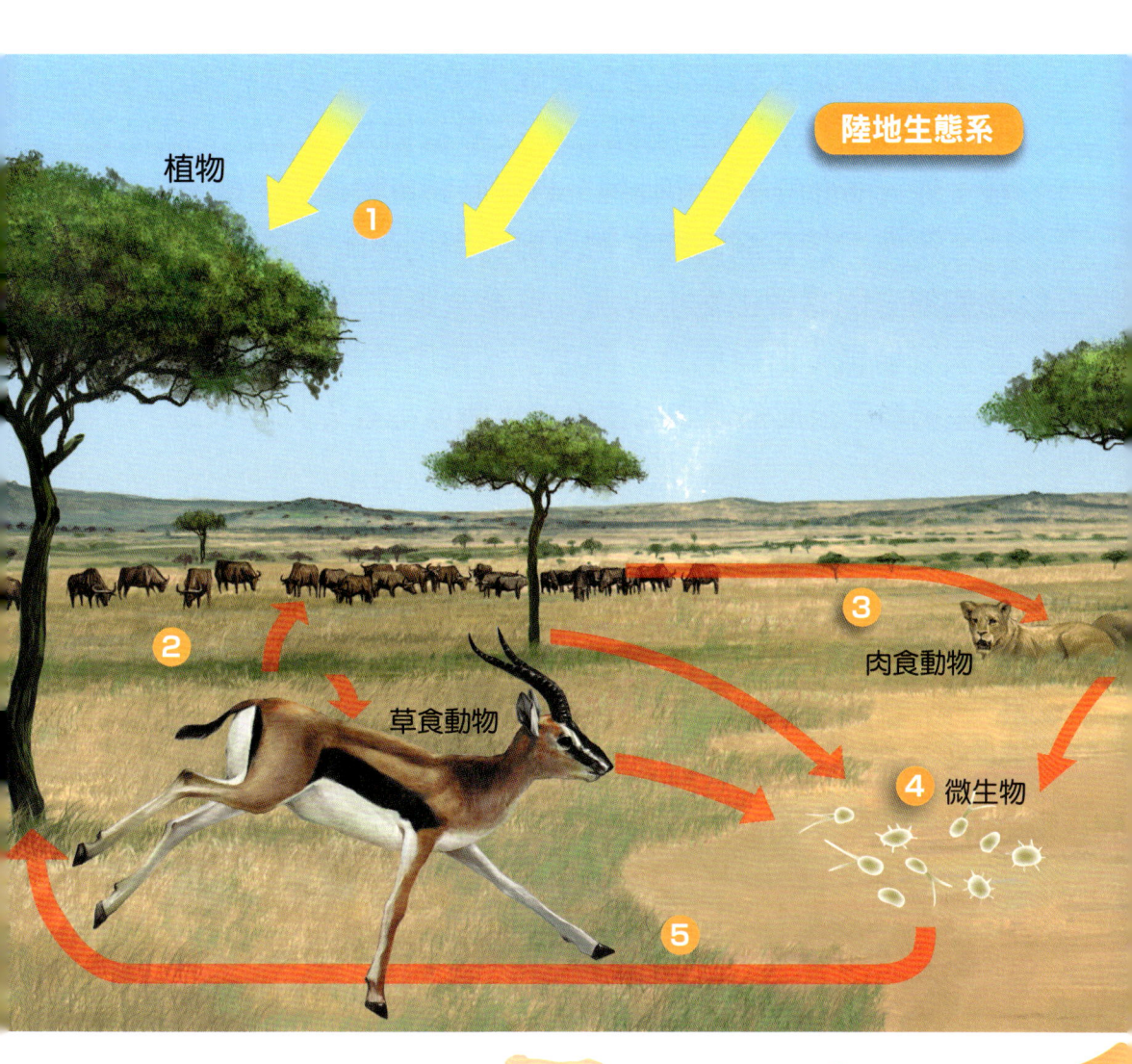

陸地生態系

植物 ❶
❷ 草食動物
❸ 肉食動物
❹ 微生物
❺

07 海洋生物之間的關係

接著來看海洋生物之間的循環。海洋的食物鏈和陸地一樣是從植物開始。

首先,「浮游植物」在靠近海面的水域進行光合作用,逐漸增加。之後這些浮游植物成為魚類及「浮游動物」的食物。當魚類及浮游生物死亡,就會被微生物分解。就像這樣,靠近海面的水域和陸地一樣會展開食物鏈的循環。

不過,住在深海的生物又是如何生存呢?其實,海洋生物的部分屍體會化為小碎塊,逐漸沉落到深海。這些碎塊看起來就像雪,所以稱為「海雪」。有了這些海雪,棲息在深度超過數千公尺深海中的生物群也能獲得養分。

想知道更多

深海底下也有不需要仰賴光合作用的生態系。

食物鏈的運作規律

在海洋生態系中，養分的循環方式如下：
1. 浮游植物在靠近海面的水域進行光合作用。
2. 浮游動物以浮游植物為食。魚類以這些浮游生物為食。
3. 肉食魚類以其他魚類為食。
4. 生物的屍體被微生物分解，再由浮游植物吸收。
5. 部分屍體變成碎塊沉落，被深海生物吃掉。

海洋生態系

1. 浮游植物
2. 浮游動物
3. 肉食魚類
4. 生物的屍體
5. 深海生物

1 基本的動物知識

08 提供生態系動力的「關鍵」物種

　　生態系中除了「食物鏈」之外，也包括各種生物之間的關係（詳見第3節課）。

　　這裡就以河狸（下方照片）為例，來了解生態系重要推手「關鍵種」的相關知識吧。

河狸

想知道更多
河狸會改造環境，因此也被稱為「生態系工程師」。

河狸具有以樹枝、樹幹在河川上構築水壩的習性。從下方的照片可以看出，築起的水壩使水池蓄積、部分樹木因樹根泡水而死亡。另一方面，水壩吸引蚊子、蜻蜓聚集，促使以這些昆蟲為食的鳥類跟著到來。就像這樣，河狸的築壩行為會大幅影響生態系的運轉。

> **筆記**
>
> 關鍵種又稱為基石種。基石是用於支撐橋梁、不可或缺的「重要石頭」，一旦損毀可能使整座橋梁因此崩塌。

河狸的水壩

09 不同的生態系維繫著各式各樣的物種

地球上有森林、沿海、海洋、島嶼等各種環境，不同的場所會構築出多樣的生態系。

沿海生態系

廣布於陸地與海洋之間的「沿海地區」由於潮汐漲退，環境會在一天內大幅變動。沿海地區是陸地生物與海洋生物交錯的場所，所以能看到各種生物。

島嶼生態系

島嶼四面環海，所以很少出現來自其他地方的生物。也因此，經常會誕生該島獨有的生物（稱為「特有種」）。臺灣也是擁有不少特有種的海島。

想知道更多

我們熟知的臺灣獼猴、臺灣藍鵲就是臺灣的特有種。

1 基本的動物知識

森林生態系

有各種生物住在森林裡。在混雜了多種植物的森林中，不同植物的周遭會形成稍有差異的環境。諸如葉片背面、樹根、樹洞等處，不同的環境會吸引各種生物聚集，營造出各個物種專屬的棲息地。

海洋生態系

海洋比陸地更難直接觀察，所以尚有許多生物的生態不為人知。近年來，在生物身上安裝小型機器藉此追蹤其行為的研究等更加盛行。

下課時間

人類的演化

　　我們人類的祖先「古猿」在大約700萬年前出現，之後依照巧人（230萬～140萬年前）→直立人（150萬～20萬年前）→智人（20萬年前）的順序演化至今。已知在這段期間有許多物種出現又消失，至今以來發現了將近20種化石。現代的人們正是其中唯一的倖存者。

> 外觀和現代人沒有太大差別耶

這是從衣索比亞440萬年前地層中出土的化石「始祖地猿」的復原插圖。始祖地猿被歸類在「猿人」，是一種早期人類。

第 2 節課

現今的動物

作為寵物和我們一起生活的狗與貓、動物園內眾所熟知的貓熊及長頸鹿……生活在現代的動物都是經過漫長時間演化而來。為什麼牠們具有現在的樣貌及能力呢？接下來這些謎團即將揭曉。

01 從骨骼來**觀察狗與貓**的差異吧

狗與貓是身邊常見的動物，也有很多人養來當寵物。

從生物學的角度來分析，狗與貓同屬於「食肉目」（肉食動物），顎部後方長著如刀刃般銳利的牙齒「裂齒」。食肉目以肉為主食，會利用這些牙齒撕開獵物的肉來吃。

試著一邊觀察狗與貓的牙齒及骨骼，一邊比對兩者之間

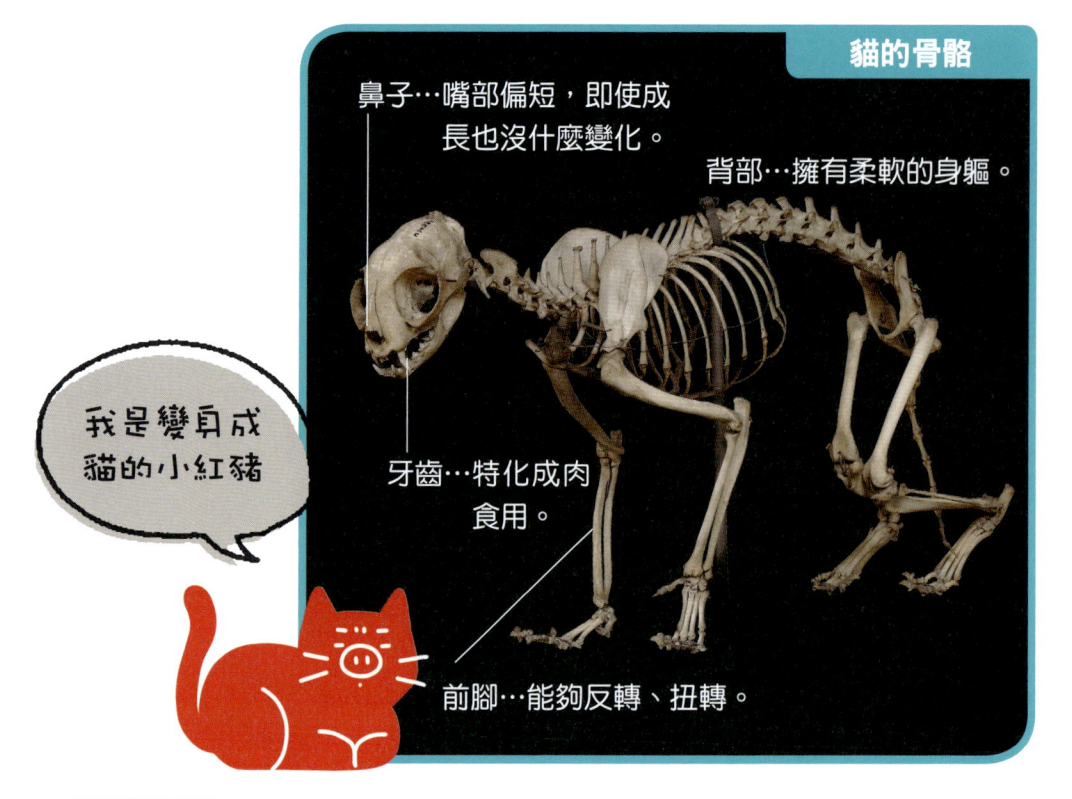

貓的骨骼

鼻子⋯嘴部偏短，即使成長也沒什麼變化。

背部⋯擁有柔軟的身軀。

牙齒⋯特化成肉食用。

前腳⋯能夠反轉、扭轉。

我是變身成貓的小紅豬

想知道更多

狗的學名為 *Canis lupus familiaris*；貓的學名為 *Felis catus*。

的差異吧。

　　狗的裂齒後方長有可以磨碎食物用的「臼齒」，貓則沒有臼齒。相對於狗比較偏向雜食性，貓更接近純粹的肉食主義者。

　　狗的四肢筆挺、修長又強壯，脊椎骨十分強健。為了追捕獵物四處奔走，狗具有能朝前後大力擺動四肢的骨骼構造。貓的四肢偏細且柔軟，前腳可以做出扭轉、反轉等動作，脊椎骨也很靈活，所以能夠爬樹、抓住樹枝來移動。只要觀察骨骼構造，即可了解該動物的生態。

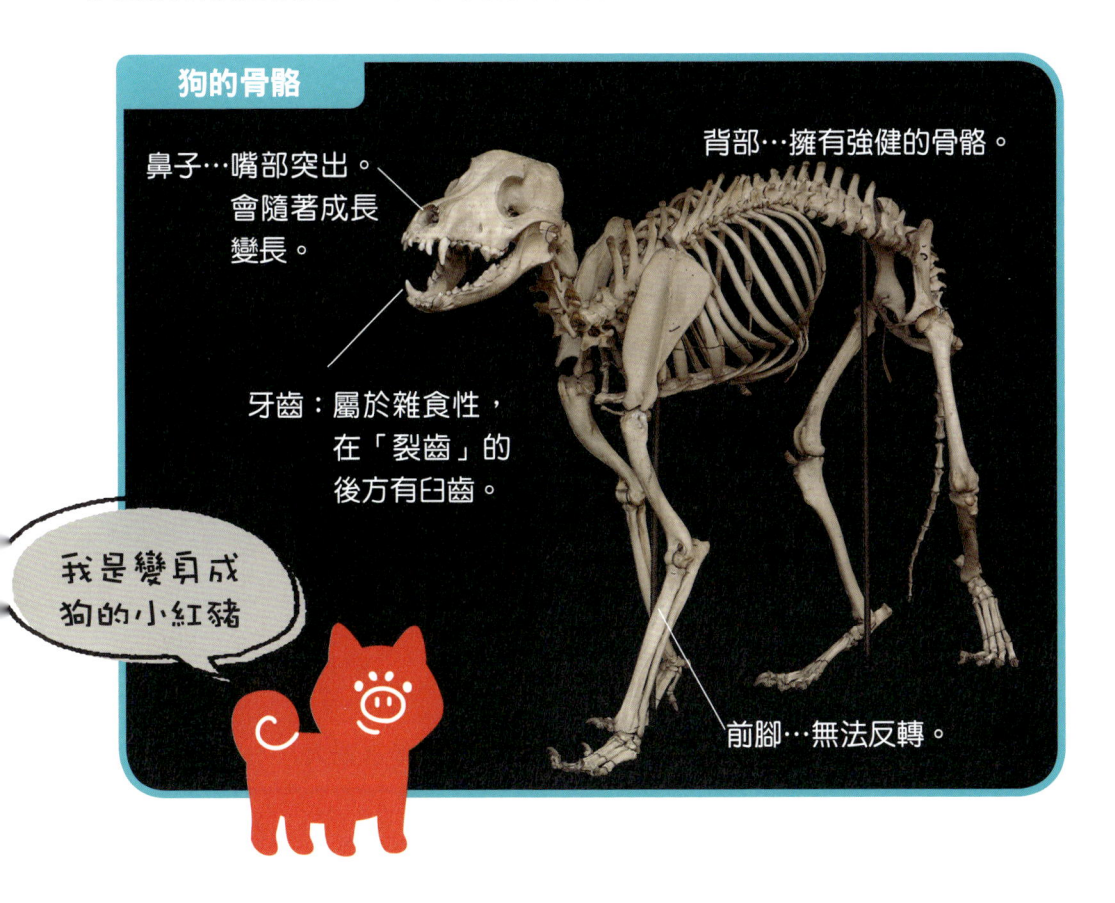

狗的骨骼

鼻子⋯嘴部突出。會隨著成長變長。

牙齒：屬於雜食性，在「裂齒」的後方有臼齒。

背部⋯擁有強健的骨骼。

前腳⋯無法反轉。

我是變身成狗的小紅豬

2 現今的動物

45

02 為什麼有這麼多種狗呢？

　　柴犬、吉娃娃、貴賓犬……相較於貓的品種，狗從小型犬至大型犬都有，具備不同外觀及特徵的品種可謂五花八門。這是為什麼呢？

　　人類從早期就和狗一起生活，並透過讓犬隻互相交配來選育擁有不同特徵的新品種，使其在生活上有所助益。狗本

光是3種基因組合就能培育出7種毛型

①巴吉度獵犬

②澳洲㹴

③萬能㹴

⑤古代長鬚牧羊犬

⑥愛爾蘭水獵犬

⑦比熊

46

身具有容易顯現新性狀的特性。有時候甚至只要經過3～4個世代的育種，就可以培育出獨具特徵的新品種犬隻。只要基因稍有不同就會形成另一個品種，這是在其他動物身上難以看到的特性。

　　人類似乎從很久以前就開始進行犬隻的品種改良，不過縱觀歷史，以中世紀的歐洲最為盛行。由於在短短數百年內不斷進行人為品種改良，過程中也衍生出一些問題，例如出現齒列異常的犬隻等等。

④黃金獵犬

右表為3種不同基因組合構成的毛型。照片為具有該毛型的代表性犬種。這種肉眼可見的微小差異表現，是狗有這麼多品種的其中一個原因。

毛的類型	基因1	基因2	基因3
①短毛	—	—	—
②硬毛	—	●	—
③硬捲毛	—	●	●
④長毛	●	—	—
⑤眼睛與嘴巴周圍有長毛	●	●	—
⑥捲毛	●	—	●
⑦眼睛與嘴巴周圍有長捲毛	●	●	●

想知道更多

截至2024年6月，光是世界畜犬聯盟認可的「犬種」就多達359種，若再加上未認可的品種則超過700種。

03 狗的起源可以追溯到狼！

如前所述，已知狗與其他動物大不相同，有各式各樣具備多種特徵的品種存在。那麼，這些形形色色的犬種其祖先又是什麼模樣，是否有些令人好奇呢？

在1997年的研究中，曾經針對各種狗與狼細胞內的粒線體DNA（mtDNA）進行調查，結果發現狗的祖先可以追溯到狼。進一步的後續研究表明，犬種的基因大致上可以分成4個

筆記

在追溯祖先的研究方法中，以調查細胞內的粒線體 DNA（mtDNA）最廣為人知。不同於細胞核內的 DNA，mtDNA 只能從母方繼承。因此，只要調查 mtDNA 即可追溯母親、祖母、曾祖母等母系根源。

第四類別
其他犬種

薩路基獵犬

阿拉斯加雪橇犬

阿富汗獵犬

西伯利亞哈

類別，而其中的第一類別更接近狼的基因（如圖）。根據圖表可知，我們熟悉的柴犬及秋田犬比較接近狼，聽起來十分有趣吧。

透過基因剖析狗的歷史

狼

第一類別

第二類別

第三類別

巴仙吉犬

中國沙皮狗

秋田犬

柴犬

鬆獅犬

原來狼與柴犬關係這麼近啊！

想知道更多

與人類一起生活的最古老犬種應是大約 1 萬 2000 年前的中東犬。

2 現今的動物

49

04 狗與貓的祖先小古貓是什麼動物？

說到狗與貓的共同祖先，可能是生活在大約5500萬年前北美森林中的小型肉食動物「小古貓」，其外觀看起來就像現今的鼬科動物。

狗的祖先可能是大約4000萬年前，從小古貓分歧演化而

狗與貓的共同祖先，不僅是狗與貓的祖先，也是熊、海獅、鬣狗、獴等動物的祖先。其樣貌近似於小型鼬科動物（貂）。可能生活在副熱帶森林。小古貓在大約5500萬年前登場，直到3400萬年前才滅絕。

狗與貓的祖先

小古貓

恐齒貓

貓

貓選擇留在森林裡呀！

來。之後經過很長一段時間，如圖演化出各式各樣的種類，直到成為現今所見的狗。另一方面，貓科則沒有發生太大的變化，從古至今的骨骼樣態都與現今的貓類似。

狗與貓幾乎是在同一個時期，從共同祖先小古貓分歧演化而來。狗的四肢變得修長，又歷經了數百年與人類為伍的生活，衍生出許多種類。另一方面，貓在早期階段特化成肉食動物，以森林地區為中心繁盛一時。身邊常見的狗與貓都有一段悠久的歷史。

黃昏犬

恐犬

細犬

犬熊

狼、狗

想知道更多
小古貓具有肉食動物的「裂齒」，在裂齒後方還有多顆臼齒。

05 貓熊可愛長相的祕密與吃竹子有關！

　　貓熊是動物園的大明星，可愛的面容很有特色。貓熊原本隸屬於以肉為主食的熊科，後來演化成了以竹子為主食的動物。牠們具有能靈巧抓握竹子的手指，臉部周圍也長著能咬碎硬竹的厚實肌肉。貓熊之所以有著一副可愛的圓臉，原因就在這裡。

　　另一方面，也有不知為何沒有演化太多的部位——腹部。若要消化竹子這類植物來獲得養分，就需要很長的腸道，但是貓熊的腸道和肉食時期一樣短。所以貓熊為了攝取養分，一天有超過一半的時間都在吃竹子。

　　貓熊寶寶通常以早產狀態誕生，所以容易夭折，再加上過去遭到濫捕，導致野生貓熊的數量非常稀少。如今隨著保育活動有所進展，其數量才逐漸恢復。世界各地的動物園也有在飼育、繁殖貓熊。

> **想知道更多**
> 貓熊是「易危物種」，滅絕風險只比「瀕危物種」低一級，狀況不容輕視。

2 現今的動物

大貓熊

腸胃功能不夠完善，所以得一直吃竹子。

對啊！

我們是四方臉呢！

大貓熊的頭骨為了啃食硬竹，臉頰與太陽穴的肌肉很厚。

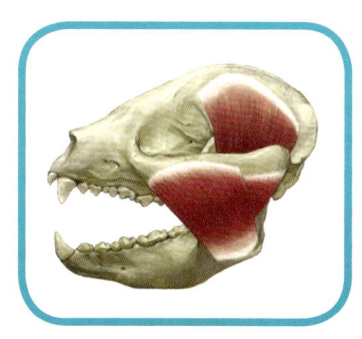

53

06 為什麼長頸鹿的脖子那麼長？

　　為什麼長頸鹿的脖子那麼長呢？著名的科學家達爾文（Charles Darwin，1809～1882）主張「或許是因為在食物不足的時期，某些個體觸及食物（樹葉）的位置比其他動物高一些，提高了自己的生存機率」。也就是說，長頸鹿為了獨占位於高處的食物（樹葉），脖子因此變得更加修長。

　　長脖子也有利於從高處發現外敵的身影，雄長頸鹿還會用脖子進行纏鬥，來彰顯自身的優勢。

　　長頸鹿和牛、鹿一樣同為「反芻動物」。牠們擁有4個胃，會將咀嚼吞下的植物送到胃裡稍微消化，再倒流回口中咀嚼，並不斷重複這個過程。如果近距離觀察長頸鹿的脖子，可以看到反芻的食物團塊沿著長長的食道緩緩上升的景象。到了動物園別忘記仔細觀察一番。

> **想知道更多**
> 長頸鹿的4個胃中有2個內含許多微生物，有助於分解食物纖維。

角⋯雄性的角比較大，與其他雄性戰鬥時會使用。

不妨在動物園好好觀察！

2 現今的動物

長頸鹿的身體

脖子⋯長度超過2.5公尺，但是頸椎骨的數量和人類一樣是七塊。

軀幹⋯前腿比較長，所以身體往尾部傾斜。

四肢⋯懸韌帶可以讓瘦長的腿支撐巨大的體重。

55

07 像斑馬的「㺢㹢狓」是生活在密林裡的長頸鹿！

㺢㹢狓棲息在非洲剛果的密林裡，部分外表與斑馬相似。直到20世紀以後人們才首次發現這種生物，其獨特的斑紋模樣曾經讓人誤以為牠們是斑馬的近親。

不過後來的研究結果表明，㺢㹢狓和「奇蹄目」的斑馬天差地別，應歸類於和牛、長頸鹿一樣的「偶蹄目」才對。

㺢㹢狓的外觀

想知道更多
㺢㹢狓的體色與條紋有利於融入密林，使外敵難以察覺。

獾㹢狓和長頸鹿的共同祖先原本住在密林裡。其後，長頸鹿的祖先往草原發展並成功適應，演化出修長的脖子。

另一方面，㹢狓的祖先選擇留在密林裡，因此體態樣貌至今沒有什麼太大的變化。因為棲息在視野不佳的密林環境，㹢狓擁有發達的聽覺及嗅覺。牠們會運用一雙大耳朵，從周遭的聲音判斷外敵等狀況。其生態還有許多尚待查明的地方，相關研究仍在進行中。

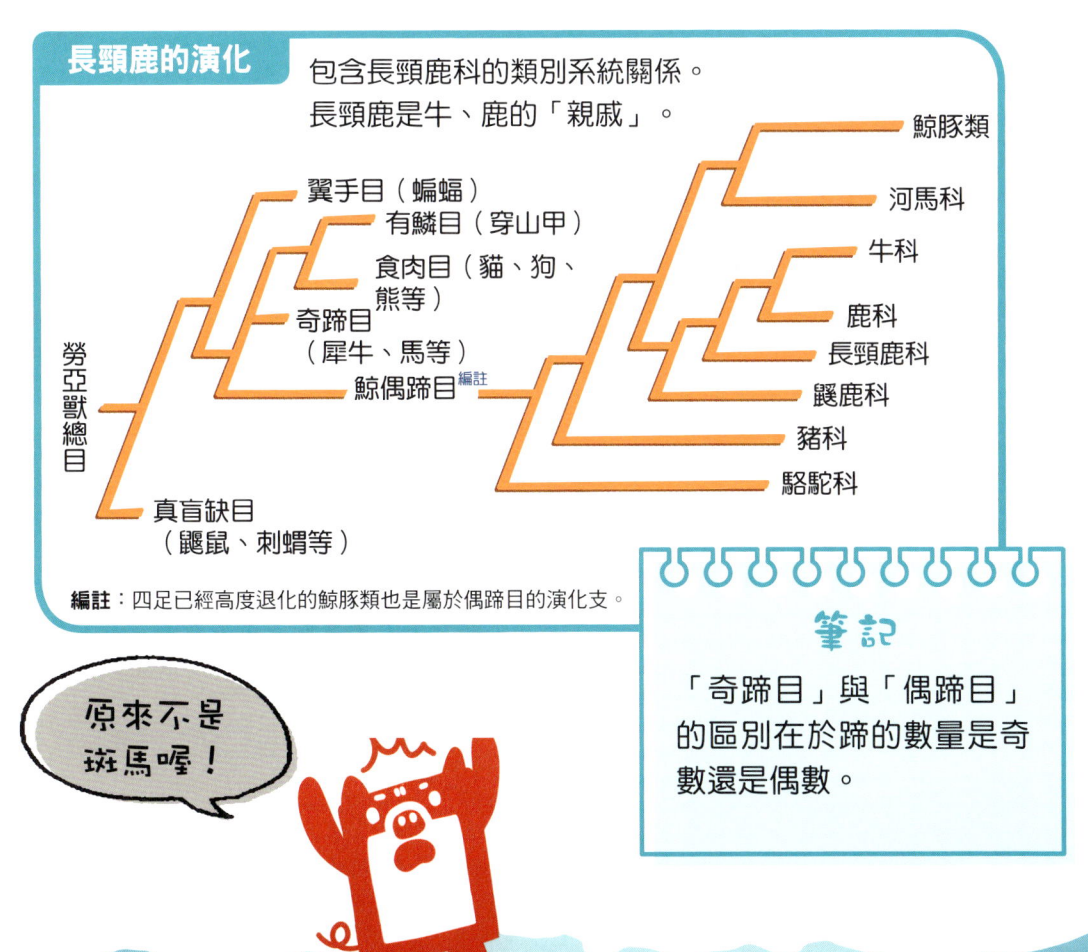

長頸鹿的演化

包含長頸鹿科的類別系統關係。
長頸鹿是牛、鹿的「親戚」。

勞亞獸總目
- 翼手目（蝙蝠）
- 有鱗目（穿山甲）
- 食肉目（貓、狗、熊等）
- 奇蹄目（犀牛、馬等）
- 鯨偶蹄目 編註
  - 鯨豚類
  - 河馬科
  - 牛科
  - 鹿科
  - 長頸鹿科
  - 鼷鹿科
  - 豬科
  - 駱駝科
- 真盲缺目（鼴鼠、刺蝟等）

編註：四足已經高度退化的鯨豚類也是屬於偶蹄目的演化支。

原來不是斑馬喔！

筆記

「奇蹄目」與「偶蹄目」的區別在於蹄的數量是奇數還是偶數。

08 大象的祖先過去曾在海中游泳？

　　大象因為具有龐大的身軀和長鼻，在動物園很受歡迎。大象使用鼻子前端的動作相當靈活，還能做出抓握物體、吸取池水噴入口中飲用等行為，就像是我們在使用手一樣。

　　大象的鼻子為什麼這麼長呢？事實上，已知大象的祖先曾棲息在西亞的淺海附近，而現代大象也具有和海洋生物特徵相同的腎臟。因此，有一種說法主張大象的祖先可能曾在海中游泳。由於象鼻的化石並未留存到後世，我們無從得知大象祖先的鼻子是什麼形狀。不過有學者認為，說不定大象在淺海會把長鼻當作伸出水面的呼吸管來使用，藉此在大海中游泳。

想知道更多
年輕雄象在某些時期可能很殘暴。如今仍有不少人被野生大象踩死。

筆記

「腎臟」是能過濾血液中鹽分等物質的器官。大象的腎臟由 6～10 個分隔的腎葉組成，該特徵與海洋生物鯨豚、長期在海上活動的北極熊等動物相同。

> 好想在海中和大象玩耍！

2 現今的動物

非洲象

為了支撐重達10噸的龐大身軀，大象具有展開的骨盆與粗壯的四肢等特徵。

09 潛身大海的哺乳類鯨豚的獨特生活方式

擁有脊椎骨的脊椎動物在演化過程中，從水中往陸地發展。有些成功適應了陸地生活而成為哺乳類，不過也有選擇重返水中生活的哺乳類——鯨豚。

如今已確認的鯨豚有大約90種。鯨豚可以分成像藍鯨這種體型巨大的鬚鯨類，以及像抹香鯨、海豚這種體型較小的

小鬚鯨（鬚鯨）

沒有牙齒，透過「鯨鬚」過濾魚類及浮游生物來進食。能夠一次在口中吸入大量的海水。

張口時

喉腹褶　平時

想知道更多
鯨豚是從陸地返回海洋的哺乳類，所以牠們用肺而非鰓呼吸。

齒鯨類。

鬚鯨類會將海水吸入口中,透過「鯨鬚」濾出小魚等生物吃掉。也有說法主張因為牠們能夠一次大量進食,身形才會如此巨大。齒鯨類似乎會鎖定特定的魚類及烏賊等,專吃自己喜愛的食物。

鬚鯨類有洄游的習性,每逢夏季就前往食物豐富的地方,到了冬季則前往溫暖海域撫育後代;齒鯨類不具有固定的洄游模式,而且行為模式各不相同。

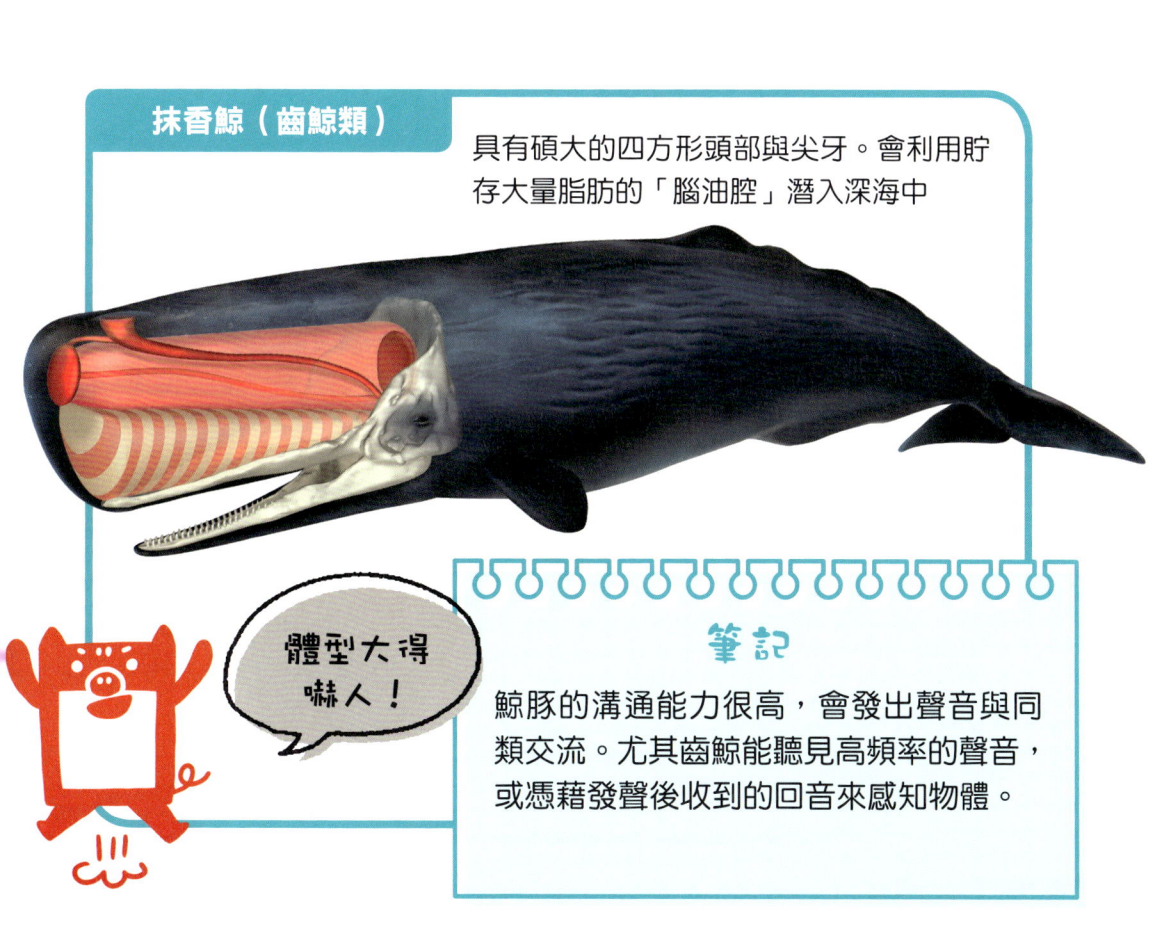

抹香鯨(齒鯨類)

具有碩大的四方形頭部與尖牙。會利用貯存大量脂肪的「腦油腔」潛入深海中

體型大得嚇人!

筆記

鯨豚的溝通能力很高,會發出聲音與同類交流。尤其齒鯨能聽見高頻率的聲音,或憑藉發聲後收到的回音來感知物體。

10 使用嘴喙的感應器來捕捉獵物的鴨嘴獸

　　鴨嘴獸是一種只棲息在澳洲的哺乳類，牠們會在河邊的土壤挖洞、築巢生活，有時候甚至會打造出深達數十公尺的巢穴。

　　鴨嘴獸明明是哺乳類，卻擁有一些略嫌古怪的特徵。首

鴨嘴獸

眼睛⋯在水中會完全閉合。

嘴喙⋯具有感覺器官。

想知道更多

鴨嘴獸的嘴喙能感知獵物身體發出的電磁場。

先，牠們會像爬蟲類一樣產卵。再來就是與鳥類相仿的嘴喙（由皮膚變形而成，與鳥喙不同）。嘴喙附有感覺器官，獵捕河底的昆蟲、蝦等獵物時能派上用場。此外，雄鴨嘴獸還可以從爪中釋出劇毒進行攻擊。

這樣的身體構造囊括了許多與爬蟲類極為相似的特徵。因此，也可以說鴨嘴獸身上蘊藏著揭開從爬蟲類到哺乳類演化歷史的重要關鍵。

好長的巢啊！

尾巴⋯在水中游泳時保持平衡。

鴨嘴獸巢穴的模樣
在河邊挖洞，其長度可達8～30公尺。

11 鳥翅演化出飛行能力的過程

　　有時會看到群鳥飛越天空。為什麼鳥類能夠隨心所欲地在天空飛翔呢？其實原理與牠們的翅膀、羽翼的構造有關。

　　鳥翅的截面呈現前圓後尖的「流線型」，這種形狀可以減少空氣阻力。當流線型翅膀迎風時，就會產生相對於風呈垂直向上的力。在氣流中向上舉升的力稱為「升力」，鳥類便是透過升力來飛行。

　　另一方面，羽毛又是如何演化而來呢（詳見右下圖）？觀察圖5的羽毛即可發現，羽毛中心有一條主軸，使羽毛呈現左右對稱的結構。但是，這種造型遇到強風只會如樹葉般振動，無法順利飛行。要等到像圖6那種羽軸偏移的羽毛出現，才有辦法支撐作用於羽毛前緣的升力，使鳥可以自在飛翔。

> **想知道更多**
> 翅膀與氣流的角度（攻角）越大則升力越大。

飛機機翼也有相似的構造唷！

2 現今的動物

鳥類身體完全圖解！

保有一定強度的輕量化骨骼

較重部位集中在身體中心的構造

初級飛羽

次級飛羽

無阻力的順風羽毛

整合為一的輕量化骨骼

拍動翅膀的巨大胸肌

支撐巨大肌肉的胸骨

關於羽毛演化的假說

仔細觀察圖4以後的羽毛，會發現分支的細羽像鉤子般相互交錯，構造宛如魔鬼氈。這種構造有助於阻擋空氣通過，卻是由輕柔的羽毛所構成。

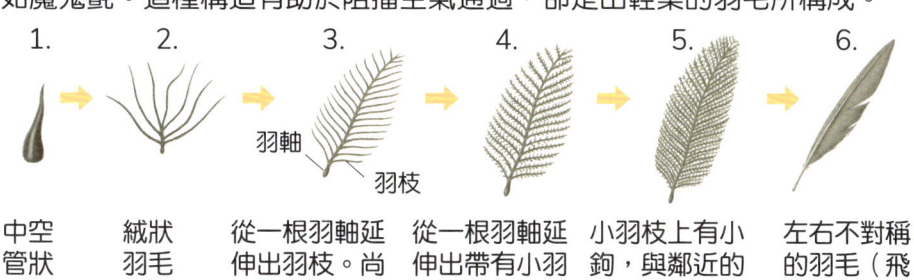

1. 中空管狀
2. 絨狀羽毛
3. 從一根羽軸延伸出羽枝。尚未演化出小羽枝。（羽軸、羽枝）
4. 從一根羽軸延伸出帶有小羽枝的羽枝。
5. 小羽枝上有小鉤，與鄰近的小羽枝交錯。形成空氣不易通過的翼面。
6. 左右不對稱的羽毛（飛翔用）

65

12 有些鳥雖然有羽毛卻無法飛翔！

說到不會飛的鳥類，腦中最先浮現哪種鳥呢？常見的答案不外乎鴕鳥、企鵝等等。已知在多達約一萬種的鳥類中，有60種左右的鳥不會飛。因為牠們沒有必要拍動整片翅膀，所以胸部肌肉不發達而呈現平坦狀，就連羽毛

鴕鳥
身體巨大，能以時速70公里的高速奔馳。

蛇鷲
平常出沒在莽原的鳥。會踢打獵物使其衰弱再捕食。

家雞
個體的體重為2～3公斤，不會飛。

> **想知道更多**
> 不會飛的鳥具有一些獨特特徵，表現在胸骨造型、羽毛型態、腳趾數等。

的外形也不具備飄浮在空中的作用。

　　不會飛的鳥以「平胸類」為代表，捨棄了原有的飛行能力，發展出在地面快速奔跑、在水中游泳等特長，在演化過程中獲得了許多特別的能力。

　　其實飛行是一件很辛苦的事情。不僅要保持能拍動翅膀的厚實肌肉，又不能讓體重太過沉重。羽毛必須每年汰舊換新，這對鳥類而言也要消耗不少能量。說不定連鳥兒們也在感嘆「不飛也沒關係，我不想飛了……」呢！

不會飛的鳥類

皇帝企鵝
能潛到超過水下500公尺深的地方。

奇異鳥（鷸鴕）
夜行性。會使用鳥喙前端捕食蚯蚓等。

筆記

鳥類不需要飛行的狀況經常發生在沒有掠食者的島上。紐西蘭之所以有許多不會飛的鳥，便是其中一個例子。一旦朝不會飛的方向演化，通常體態就會變得越來越笨重。

原來飛行很耗體力啊……

13 專精於在陸地上奔跑的鴕鳥

　　鴕鳥雖然不會飛，卻能夠以時速70公里的高速奔跑，而且是現生鳥類當中體型最大者，從地面到頭頂的高度超過2公尺，體重可達145公斤。

　　以鴕鳥為首的「平胸類」正如其名，胸部呈現平坦狀，原因在於牠們用來拍動翅膀的肌肉已經退化了。

　　鴕鳥的奔跑能力在平胸類當中特別出色，牠們的腳經歷過與馬蹄相同的演化。鴕鳥和馬在奔跑時幾乎都是只靠足部的中趾來支撐整個體重，能夠以時速60～70公里的高速奔跑。

> 被鴕鳥追感覺好恐怖喔……

編註：人類正常視力的 20 倍。

想知道更多
鴕鳥的視力很好，大老遠就能發現外敵。牠們的眼球比腦還重，視力超過 20。編註

2 現今的動物

鴕鳥

14 姿態彷彿翱翔空中！在**海裡悠游**的企鵝

　　不同於翅膀退化的平胸類，企鵝屬於「翅膀進化的不會飛的鳥」。企鵝運用在空中飛翔的訣竅，掌握了藉由水中升力游泳移動的技巧，那模樣就像是在水中飛翔一般。

　　話雖如此，由於水比空氣還要重的緣故，牠們的翅膀變成了堅硬短小、幅度較寬的形狀，以便在水中移動。為了大幅拍動翅膀，胸部肌肉也很發達。與其他飛鳥最不一樣的地

現生種企鵝

3500萬年前左右的大型企鵝類

2 現今的動物

用於游泳的翅膀！

方在於，企鵝用來舉起翅膀的肌肉特別發達。企鵝舉起翅膀時也能獲得極大的推進力，運用的部位和在空中飛翔所需的肌肉不同，這一點相當有趣。

企鵝的演化史

不會潛水的水鳥

能在空中飛翔，也會潛水的水鳥

不會在空中飛翔，能夠潛水的最古老企鵝類

潛水時

潛水時

想知道更多
不同於失去飛行能力的企鵝，部分鸌科鳥類既能潛水也能飛翔。

71

15 龜殼有什麼作用？

　　龜的外觀與眾不同，身上背著巨大的甲殼，有時候頭和腳還會迅速地縮進殼內。一般認為，這副特色鮮明的甲殼是為了抵禦外敵演化出來的裝備。

　　龜沒有牙齒。牠們將生成甲殼所需的大量鈣質，全部用

龜的身體

甲殼⋯由堅硬表皮與骨骼構成的雙層構造。可以從龜殼紋路看出該龜的年齡。

嘴巴⋯沒有牙齒，形似鳥喙。

脖子⋯能夠直角彎曲，縮進甲殼內。

想知道更多
海龜在海岸產卵的期間為春至夏季。雌性的腹部有一半左右都是卵。

於打造甲殼而非牙齒。

龜是不太活動的生物,因此相當長壽。平均可以活到100歲左右,甚至有些能活到200歲。

龜類又包含在海洋生活的海龜。海龜的前腳演化成適合游泳的槳狀外形,甲殼平坦且表面光滑。也因為這樣,牠們無法像陸生龜那樣把頭、腳縮進殼內,不過卻優先發展出了能逃離外敵的游泳能力。

筆記

龜之所以長壽,是因為能量消耗量原本就很低,而且「活性氧」的量也不多。活性氧是動物為了生存,在體內製造所需能量時一起誕生的產物。活性氧會損害該動物的基因,是導致動物提早衰老或死亡的元凶。

> 甲殼真的好重喔!

16 蛇的脖子到底在哪裡？

　　看到蛇扭動細長身軀的模樣，不禁讓人納悶牠們哪個部分是脖子、哪個部分是尾巴……應該或多或少會對此感到好奇吧？

　　蛇細長的身體由連著肋骨的脊椎骨（脊柱）構成，沒有肋骨的部位就是尾巴。身體部分包覆著內臟，只要找出身體

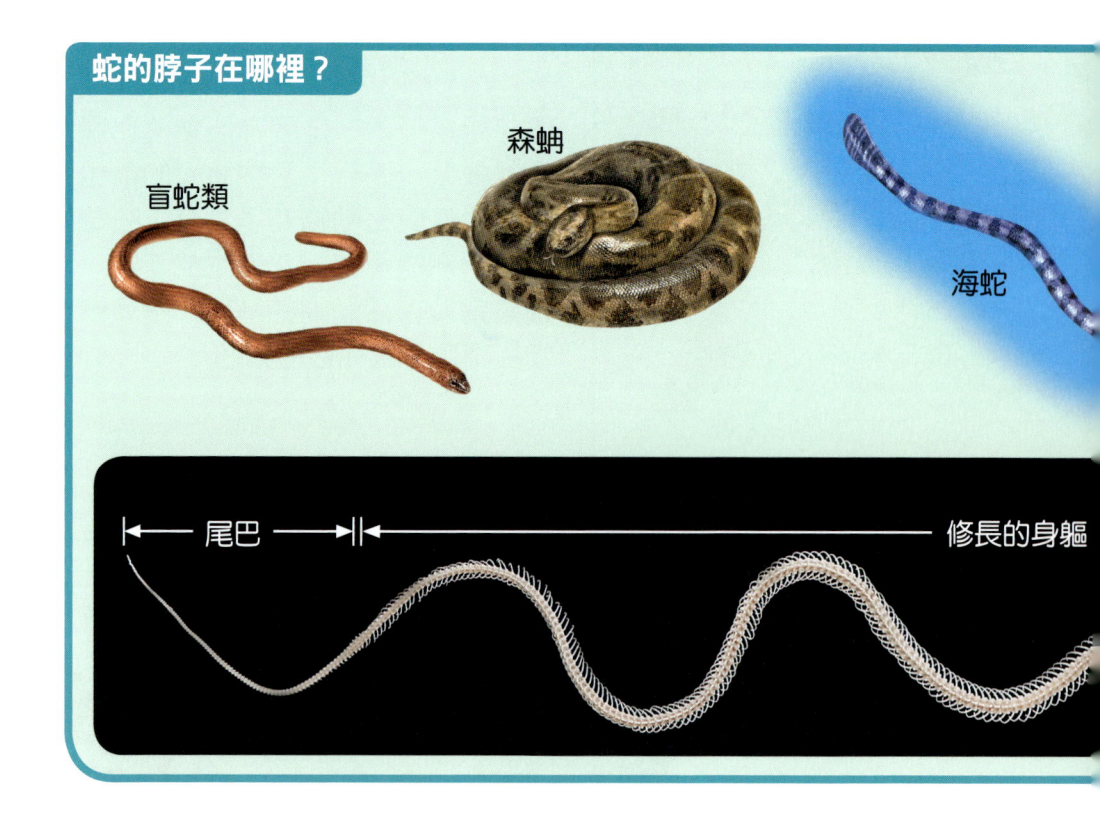

蛇的脖子在哪裡？

盲蛇類

森蚺

海蛇

←尾巴→ ←――――――――――――――修長的身軀

想知道更多

關於蛇類祖先的起源有兩種說法——來自陸地或海洋，還有待查明。

與尾巴的分界,就能區分蛇的身體與尾巴。

那麼,哪個部分算是蛇的脖子呢?至今以來人們從骨骼、肌肉構造等各種觀點進行調查,但是到現在還沒有一個明確的結論。

脖子與脊椎動物的演化歷史有著密不可分的關係。脊椎動物簡而言之就是有脊椎骨的動物,包括哺乳類、鳥類、爬蟲類、兩生類、魚類等等。蛇的脖子在哪裡這個問題,與蛇的祖先是什麼樣的動物有所關聯。

日本錦蛇

眼鏡王蛇

頭
?

有可能都是脖子?

17 廣布於全球海域的烏賊是演化的大贏家！

已知現今有大約450種烏賊。雖然這個數字聽起來沒有那麼多，但是烏賊廣布於全球的各種海域，棲息範圍從寒冷至熱帶地區、從淺海到深海都有。為什麼烏賊繁衍得如此興盛呢？

北魷

北魷、槍魷、大王魷這類具有圓筒狀身軀的烏賊稱為「管魷類」，也就是一般人熟知的烏賊。圖為北魷的腹側。

墨囊⋯收納墨汁的囊袋。

漏斗⋯將吸入的海水從此處強力噴射，藉此產生推進力。

鰭⋯游泳時發揮舵的功能。

眼睛⋯高度發達的器官，能迅速發現外敵或獵物的蹤影。

軟殼⋯從貝殼退化而來的部分。

想知道更多

烏賊為了騙過外敵還會改變身體顏色或發光。

其實祕密在於牠們獨特的身體構造。烏賊能夠使用前端也有感覺器官的10條長腕精準狩獵，所以捉到獵物的機率相當高，因而能夠快速成長並繁衍後代。

　　視力很好也是烏賊的特徵之一。其眼睛構造包含角膜、水晶體、視網膜等，類似人類的眼睛。再加上烏賊的視野寬廣，所以在尋找獵物或有外敵接近時可以及早發現。

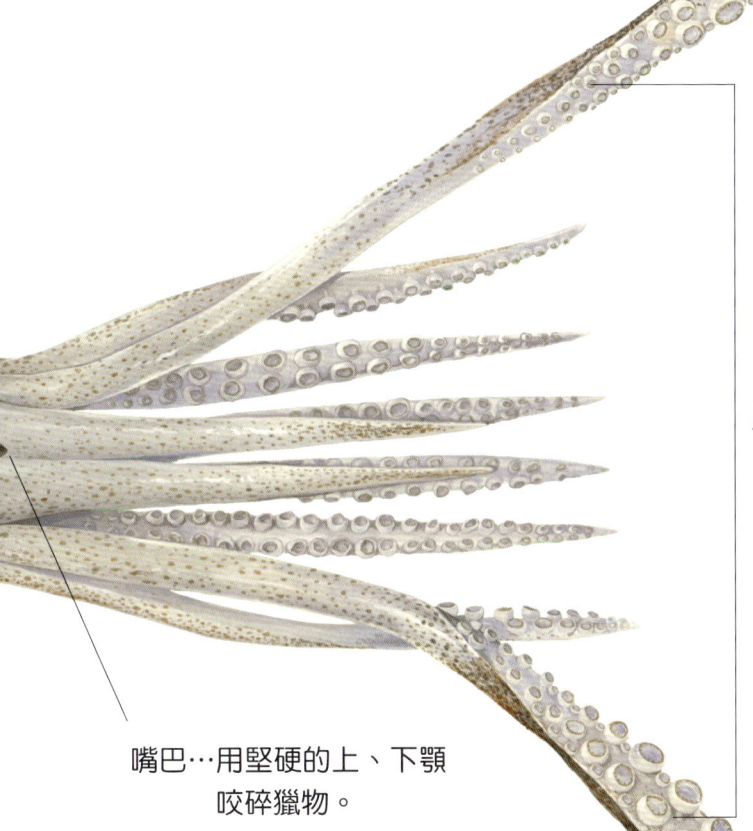

腕足⋯有10條，呈左右對稱長在嘴巴周圍。

嘴巴⋯用堅硬的上、下顎咬碎獵物。

魷魚圈好好吃喔！

下課時間

樂園的滅亡

～不會飛的鳥兒受到人類迫害而滅亡～

曾經有一群不會飛的鳥兒，在沒有外敵、如樂園般的地方繁盛一時。後來人類來到那裡，引進會捕食牠們的貓等動物、為了取得禽肉及羽毛大肆狩獵，最終把許多不會飛的鳥兒逼入滅絕的境地。

一想到有許多不會飛的鳥相繼滅絕，不禁讓人覺得當今世上還有不會飛的鳥存在，或許稱得上是一種奇蹟呢。

恐鳥
紐西蘭的大型鳥類，以前數量眾多，但在17世紀滅絕。

渡渡鳥
渡渡鳥是曾棲息在模里西斯島的巨大鳩鴿科動物。因為遭到人類濫捕，於1681年滅絕。

第 3 節課

來窺探一下動物的社會吧

與同伴一起行動、飼養並利用別種動物……如果仔細觀察動物，就會發現牠們與我們人類有許多共同點。第3節課要來探討的主題，是關於生活在自然界的動物如何運用其智慧與辛勞打造社會生活。

一起行動
Let's Go！

01 為什麼動物會組成「群體」？

　　一起行動的動物集團稱為「群體」。動物組成群體有很多優點，例如讓天敵難以發動突襲等等。

　　舉例來說，沙丁魚會組成規模龐大的群體，藉此發揮擾亂掠食者的效果，使其難以鎖定特定目標進行狩獵。南極的皇帝企鵝會大量群聚形成「高密度狀態」，有利於抵禦寒冷、保護自己及後代不受外敵侵害。

　　除此之外，成群生活代表有更多雙眼睛在警戒周遭，一旦天敵來襲就能及早發現，輪流站崗守衛也能讓族群成員獲得充足的休息時間。

　　對群體發出警訊的方法也五花八門，例如狐獴發現有外敵接近時，就會發出叫聲通知其他成員。另一方面，當有任何一隻斑馬察覺危險時便突然開始狂奔，帶動整個群體一起逃跑，藉此迴避危險。

> **想知道更多**
> 如果群體太過龐大，也會產生食物不足等問題。

3 來窺探一下動物的社會吧

皇帝企鵝

親鳥下海捕捉獵物，雛鳥在岸上靜靜等待雙親歸來。雖然群體中有好幾千隻雛鳥，親子卻不會認錯彼此，能從中找到對方。

沙丁魚

沙丁魚是會成群游泳的洄游魚類。成魚的全長為30公分左右。

狐獴

會站起來掃視周遭，確認四周有無外敵。

斑馬

在外敵眾多的莽原，喝水也要賭上性命。組成群體能夠互相警戒周遭。

81

02 各種動物基於不同目的組成群體

有血緣關係的家族成員組成群體

有些動物是由具有血緣關係的家族成員組成群體，獅子（上圖）就是其中之一。獅群是由1～2隻雄獅、眾多雌獅以及幼獅所構成。當雄性幼獅長到2～3歲左右就會被趕出獅群，所以牠們必須去挑戰其他獅群的雄獅才有機會取而代之。成為獅群之王以後，會殺死和自己沒有血緣關係的幼獅。

只要大家同在便無所畏懼！

為了繁殖組成群體

短尾信天翁、白腹鰹鳥等海鳥會前往遠離陸地的島嶼，在懸岩峭壁上集體繁殖。成群繁殖的好處在於雛鳥及蛋比較不會被天敵鎖定。

想知道更多

臺灣常見的夜鷺、小白鷺、牛背鷺等鳥類也會混群棲息。

突發性組成群體

「群居型蝗蟲」平常是單獨行動，一旦大量繁殖而變得密集，互相接觸會促使牠們翅膀變長。接著形成鋪天蓋地的大集團，將沿途的植物幾乎啃光，一天能行進長達100公里的距離。

為了安全移動組成群體

生活在莽原的大型草食動物牛羚會集體移動數千公里，尋覓長出可口嫩草的草原。不過，在沒有遮蔽物的莽原容易被獅子等掠食者盯上，所以牛羚會組成數萬隻甚至於超過百萬隻的大集團，藉此降低被掠食者襲擊的風險。有時候不同種類的大型草食動物（斑馬、瞪羚、長頸鹿、牛羚等）也會集結成「混群」。

03 除了人類之外還有許多聰明的動物

根據研究，黑猩猩、海豚是智力很高的動物。透過各種實驗及觀測可以得知，牠們具有「認知」與「解決問題」這兩種能力。

認知是指能區分A與B為相同或不同事物、從某件事情來推測其他事情的能力。現在諸如蜜蜂這類昆蟲、魚類等許多動物，都被視為具有高度認知能力。

解決問題的能力則需要比認知能力更高的智力。比方說：「在手無法觸及的地方出現食物時，該怎麼做才能得到這個食物呢？」指的就是解決這類問題的能力。已知除了靈長類、鯨豚類解決問題的能力特別發達之外，鴉科動物也具有這種能力。

> 除了我以外原來還有聰明的動物啊！

想知道更多

海豚能夠與同伴互相合作，將獵物趕到同一個地方進行圍捕。

3 來窺探一下動物的社會吧

各種動物的「體重」與「腦重量」的關係

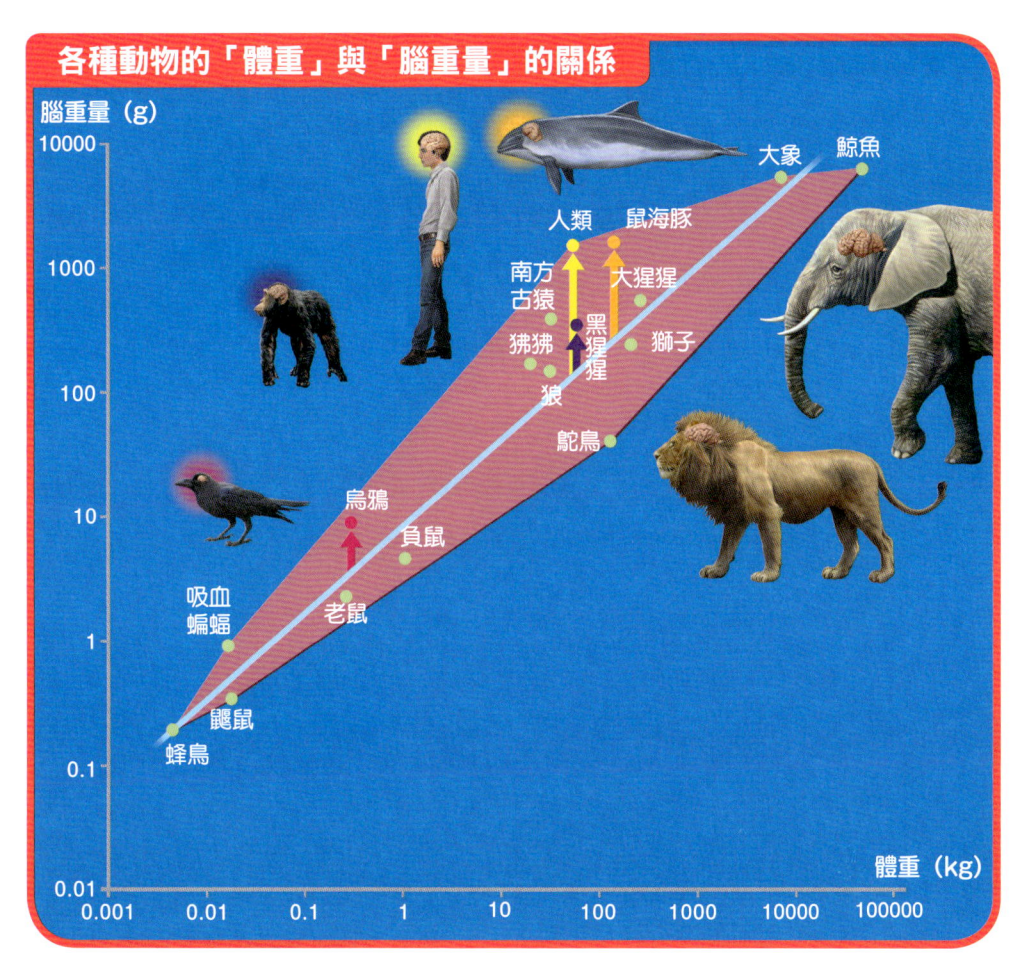

圖表所示為各種動物的體重（橫軸，單位為公斤）與腦重量（縱軸，單位為公克）的關係。人類、黑猩猩、海豚、烏鴉等腦重占體重比例較高的動物，擁有比較高的智力。

筆記

章魚的智力很高，具備旋開裝有食物之透明瓶瓶蓋的「解決問題」能力，以及知道鏡中成像是自己的「自我認知」等能力。一般認為腦神經細胞越多則能力越高，而章魚的腦細胞有 5 億個左右，幾乎和狗差不多。

下課時間

烏鴉也是善用工具的高手

烏鴉是一種以腦袋機靈聞名的鳥類，尤其棲息在南太平洋西部新喀里多尼亞島的「新喀里多尼亞烏鴉」還會製造「工具」，以聰明著稱。

即便餌食在鳥喙無法觸及的地方，牠們仍可以彎折鐵絲成鉤狀，靈巧地使用工具把餌食鉤出來。也就是說烏鴉經過思考，認為「只要這樣加工，應該就能達到預期的結果」，著手解決了問題。

> 日本的烏鴉也很聰明喔！

只要利用這個，應該就可以……

這是新喀里多尼亞烏鴉。牠正以鳥喙靈巧地啣著樹枝當工具使用。

87

04 各種動物有不同的結婚形式

人類社會有「單婚制」（一夫一妻）也有「重婚制」（一妻多夫或一夫多妻）的結婚形式。另一方面，也有一些動物採用「亂婚」，不管是雄性還是雌性都沒有特定的配偶，可以隨心所欲地自由交配。就像這樣，不同種類的動物有著形形色色的結婚形式。

「林岩鷚」這種鳥是透過「共巢一妻多夫制」進行繁殖。雌鳥不僅會與強大的雄鳥A交配產卵，還會趁雄鳥A不注意時與弱小的雄鳥B交配。與雌鳥交配過的雄鳥A與B都會幫忙育雛。獲得2隻雄鳥餵食的雛鳥更容易成長茁壯，就結果而言，離巢的後代也有增加。若是從後代增加的層面來看，這個方法可以說是非常聰明。

想知道更多

大多數鳥類是採用一夫一妻制合作育雛。

3 來窺探一下動物的社會吧

共巢一妻多夫制

雄鳥B

雄鳥B趁雄鳥A不注意時與雌鳥交配

雌鳥

與雄鳥B生的蛋

與雄鳥A生的蛋

雄鳥A

雄鳥A會保護雌鳥及巢

被發現就糟糕了……

在灌木叢中才能實行的林岩鷚策略

林岩鷚利用很聰明的方法育雛。不過，雄鳥A與雄鳥B絕對不是和樂融融的關係。如果雄鳥B被雄鳥A發現就會遭到攻擊，所以雄鳥B會利用在灌木叢中的地利之便悄悄行動。

05 確保食物來源及結婚對象的「領域」

「領域」是指動物除了自己和同伴以外，不讓其他外來者入侵而占據的空間，這種意識也稱為「領域性」。

動物之所以劃分領域，是為了保衛食物來源、結婚對象或後代，不受競爭對手及天敵進犯。

不過，保衛領域是一件很辛苦的事情，所以擁有大小適中的領域就顯得很重要。因為若是投注太多心力在保護領域，導致覓食或交配時間減少的話，就沒有意義了。

此外，領域的大小也會因為周遭有多少競爭對手及天敵、該地區有多少食物等條件而改變。

前方禁止通行！

想知道更多
一旦領域遭到入侵，平時溫順的動物也有可能激烈反擊。

3 來窺探一下動物的社會吧

利用領域習性的「香魚友釣法」

「友釣法」是將附有釣鉤的假香魚鉤在釣線上，將其放到香魚領域的釣法。香魚為了保衛領域就會去攻擊假香魚，當香魚因此被假香魚所附的釣鉤鉤住時，即可趁機拉竿釣起。

誘敵的假香魚，以及上鉤的香魚。

進行香魚友釣的場景。

筆記

領域的形式未必只有一種。霸占領域的原因可能是為了覓食、尋找結婚對象、護卵等等，有些動物還會同時擁有好幾處領域。在有許多生物同住、競爭激烈的地方，就會形成這種領域。

06 幫助親戚有其意義

棲息在非洲的「裸鼴鼠」採用和蜜蜂、螞蟻同樣的生活方式，這種習性在哺乳類當中實屬罕見。裸鼴鼠只有1隻雌性（女王）與1～3隻雄性（國王）能生育後代，其餘的家族成員大多無法留下自己的子孫，不僅要照顧女王與國王的後代，有天敵來襲時甚至不惜犧牲自己也要保護牠們。

不過，女王及國王以外的裸鼴鼠如此任勞任怨，還無法繁衍後代，難道牠們不會心有不滿嗎？

解開這個謎底的關鍵在於牠們的血緣關係。裸鼴鼠群的所有成員都互為兄弟姊妹或有親子關係，所以在某種程度上擁有類似的基因。也因此，為了家人「任勞任怨」得到的成果，其實和繁衍自己的後代差不多。

外表好奇怪！

想知道更多

裸鼴鼠群是由吃下女王糞便的雌性負責照顧後代。

裸鼴鼠

裸鼴鼠是在非洲莽原地底生活的囓齒類動物，會構成數十至數百隻的大規模群體。牠們具有和蜜蜂、螞蟻等相同的社會結構，只有一隻女王（雌性）和少數雄性能進行生殖行為。平均壽命為28年，長壽的特徵受到矚目。

下課時間

吸血蝠也會幫助非親戚的同類

就如前一小節所述，有血緣關係的家族成員互相協助，具有如同繁衍自己後代一樣的效果。有些動物還會幫助和自己毫無血緣關係的對象。關於這種行為，又該如何解讀呢？

> 肚子餓的時候能得到別人分食很開心啊！

會分血的吸血蝠通常以100隻左右的數量成群生活。

「吸血蝠」就是其中一種會幫助無血緣關係同類的動物。牠們以動物的血液為主食。吸血蝠會吸取動物的血液，吸飽後返回巢穴，不僅會將血餵給後代等有血緣關係的對象，連和自己沒有血緣關係的同類也有份。

　這種行為乍看之下是不惜減少自家的食物，也要分給社區的溫柔舉動，卻也象徵著萬一將來自家未取得食物快要餓死時，也能同等地獲得其他同伴的幫忙。從這層意義上而言，或許是很聰明的作法。

07 動物世界中的清潔員與顧客

　　能夠互惠的不同種動物一起生活，這種模式的專有名詞叫作「互利共生」。以「清潔魚」之稱聞名的「裂唇魚」與其服務的各種魚之間的關係，就是其中一個例子。

　　裂唇魚是全長10公分左右的小型魚類，棲息在溫暖地區的珊瑚礁，希望清潔身體的魚顧客會登門接受服務。裂唇魚會吃掉顧客身體周遭及嘴巴裡的「寄生蟲」、食物殘渣等，帶來清潔的效果。

　　顧客享受清潔身體的服務，裂唇魚的食物也有了著落，這樣的關係對雙方來說都是好處多多。

想知道更多
裂唇魚用魚鰭拍打魚顧客的「按摩」可以幫顧客舒壓。

下一個輪到我！

裂唇魚與魚顧客

水牛與鳥

吃草的水牛與來吃水牛身上寄生蟲的鳥。水牛希望鳥幫忙吃掉寄生蟲，所以不會把鳥趕走。

3 來窺探一下動物的社會吧

08 寄生並控制對方的可怕動物

> 我不想被寄生…

　　前一小節介紹了在生活中互惠的動物,這裡則要舉例說明在共處過程中只對其中一方有利、對另一方有害的「寄生」關係。

　　螳螂經常被一種名為「鐵線蟲」的生物寄生。當鐵線蟲從水裡的卵中孵化,被棲息在水中的昆蟲(水生昆蟲)吃下肚,就會寄生在對方身上。最終那些水生昆蟲羽化、移往陸地,遭到螳螂等陸上昆蟲捕食,鐵線蟲又會移轉至螳螂體內成長。等到長大為成蟲,鐵線蟲就會操控宿主螳螂飛入水裡溺斃,自己則返回水中進行繁殖。

　　在宿主體內控制寄生對象,聽起來非常恐怖吧。

想知道更多

植物中的紫葛、葛棗獼猴桃(木天蓼)這類藤本植物會寄生其他植物。

螳螂與鐵線蟲

螳螂與從螳螂腹中跑出來的鐵線蟲。已知被鐵線蟲寄生的螳螂其體內器官會逐漸衰竭，並失去正常的繁殖功能。

微小寄生物「病毒」

病毒、細菌這類微型寄生物經常入侵到宿主的細胞內。寄生物定居在宿主體內稱為「感染」，由於感染引發的疾病稱為「感染症」。被寄生雖然會對宿主的健康造成危害，但是不至於立即死亡，這是因為宿主死亡對寄生物而言沒有利益可言。

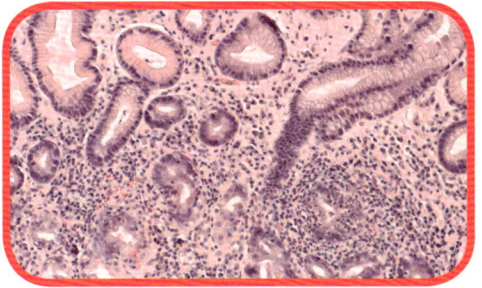

圖為細菌感染症之一的幽門螺旋桿菌。　　幽門螺旋桿菌造成發炎的胃部顯微鏡圖像。

大型寄生物「跳蚤、蜱蟎」

跳蚤、蜱蟎、蝨子等大型寄生物會在宿主的身體表面及體內成長。雖然有時也會在宿主體內增殖，但是數量沒有細菌及病毒那麼多。

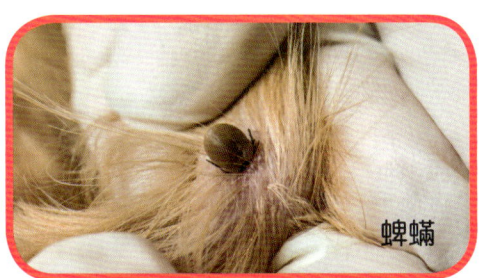

跳蚤

蜱蟎

09 動物對植物來說是搬運工

　　截至目前為止,包含昆蟲在內,已經介紹了許多動物之間的關係,而本節的主題是動物與植物之間的關係。

　　植物會產生花蜜及果實,吸引昆蟲及動物來吃。那麼,為什麼植物要特地營造出被動物吃掉的狀況呢?原因在於動物吃掉植物以後,有助於將植物的種子及花粉運送到他處。當鳥類及動物吃進美味的果實,果實裡的種子就會直接跟著糞便排出體外,落地之後生根發芽。

　　另一方面,如果植物要產生種子,雄蕊前端的花粉就必須接觸到同種植物的雌蕊前端(授粉),所以並不是花粉散播出去就能成功,還得送到對的地方才行。因此,也有一些植物演化成只仰賴特定動物協助運送花粉。

想知道更多

植物藉由動物運送花粉及種子的方式稱為「動物傳播」。

藉由松鼠來散播的橡實

諸如松鼠、老鼠及鳥類等動物具有將橡實貯存在巢穴或土裡作為過冬糧食的習性。春天來臨時，被遺忘的橡實就有機會在原地發芽。從結果來看，是一種散播種子的策略。

吸引特定物種來搬運的策略

馬兜鈴的花朵（右圖）呈筒狀，裡面長有許多朝內的毛（倒刺毛）。小型蒼蠅經常受到這種花吸引而停留。當小型蒼蠅進到花中，就會被倒刺毛阻礙而無法出去（左下圖）。此時，由於雌蕊已經成熟，倘若蒼蠅身上帶有其他個體的花粉就會完成授粉。最終雄蕊成熟、產生花粉時，倒刺毛會變短讓蒼蠅出去（右下圖）。透過倒刺毛的變化，馬兜鈴得以將花粉散播給其他個體。

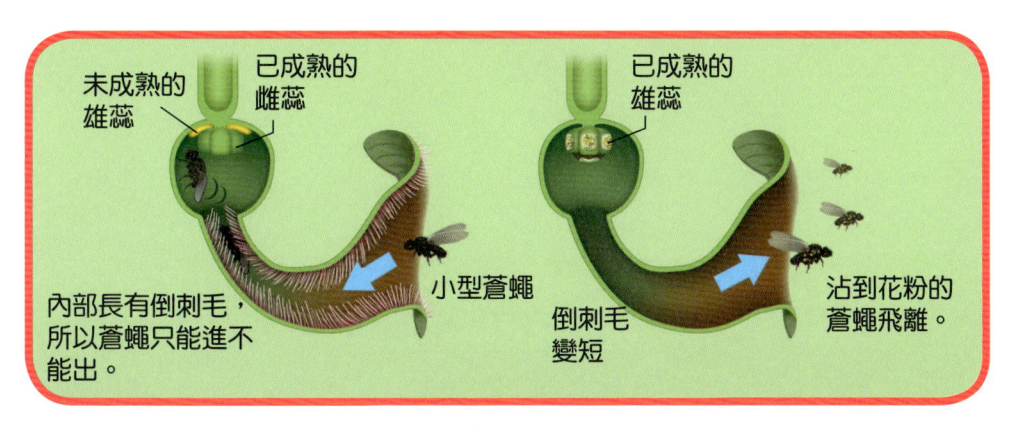

未成熟的雄蕊　已成熟的雌蕊　內部長有倒刺毛，所以蒼蠅只能進不能出。　小型蒼蠅

已成熟的雄蕊　倒刺毛變短　沾到花粉的蒼蠅飛離。

3 來窺探一下動物的社會吧

101

下課時間

有些動物會飼養並利用別種動物

有些動物會像人類一樣進行「畜牧活動」。已知「日本弓背蟻」會將「黑灰蝶」的幼蟲帶回巢中養育。

黑灰蝶幼蟲不僅會沾染與雄蟻相似的氣味「化身」成螞蟻，還會從身體分泌甜甜的蜜液給螞蟻吃。牠們換來螞蟻的細心照顧而成長茁壯，之後在巢穴的入口附近結蛹，羽化成蝶飛走。

在日本螞蟻當中，以體型最大著稱的日本弓背蟻，是日本常見的一種螞蟻。

第**4**節課

動物們的生活與高超能力

建構巢穴、撫育後代、追捕獵物、隱身避敵……動物為了生存，每天都很忙碌。究竟牠們會在生活中運用什麼樣的能力？本節課要來介紹動物們的求生能力。

01 吃或被吃的求生大戰①

動物們每天都在上演捕食獵物、或被當成獵物吃掉的戰爭，可說是激烈的求生大戰。尤其是身為獵物的一方，一旦被天敵吃掉就會死亡，所以牠們非常地拚命。有些動物因此演化出了獨特的外觀，來避免天敵發現自己。

讓我們先把焦點放在森林。特別是昆蟲，有很多物種都具備有趣的技能，像是融入背景裡或模仿其他動物的外表。包括擬態成樹枝的昆蟲、體色與樹木顏色相仿的昆蟲、將自身外表仿造成危險動物的昆蟲等等。

如果把焦點放在海洋，會發現沙丁魚及鯖魚的體色彷彿融於水面，有助於降低被外敵發現的機率。至於烏賊、章魚、比目魚等動物，則可以配合周遭的顏色瞬間改變體色，相當驚人。

改變體色除了可避免被外敵發現以求生之外，有些掠食者也利用體色掩護來接近或誘騙獵物（例如花螳螂的攻擊性擬態）。另一方面，由於許多體色鮮豔的動物具有劇毒（例如箭毒蛙、毒蜘蛛），因此鮮豔的體色對掠食者而言具有警戒的效果，可打消掠食者捕食的念頭。

想知道更多
動物具有與其他動物、周遭事物相似的顏色及形狀，稱為「擬態」。

一種虻科昆蟲（下），
模仿毒蜂（上）的模樣。

以各種方式改變外觀來避敵的昆蟲

一種竹節蟲目昆蟲，與植物的枝葉極為相似。

一種尺蠖蛾科昆蟲，在模仿樹枝。

枯葉蝶，與葉片很像。

好厲害！
超像的！

融入海面的沙丁魚

藍背白腹的鯖魚及沙丁魚彷彿融於海面，使外敵難以發現。

4 動物們的生活與高超能力

105

02 吃或被吃的求生大戰②

　　陸地植物擁有的特技也不輸動物。植物為了防止動物及昆蟲啃食自己，演化出了碰到會痛的尖刺、具備有毒物質等特性。舉例來說，芸香科植物黃蘗含有類黃酮這種物質，這對食用黃蘗葉片的蝴蝶來說有毒。話雖如此，也有一些蝴蝶演化出了不怕這種毒素的耐受性。演化之路的戰鬥還會持續下去。

　　也有一些植物為了避免人類採摘，下了一番功夫。以前作為藥材使用的中國百合科植物，在經常有人類採摘的地區演化出了與地面相近的顏色。

　　臺灣百合則在秋末種子成熟後不久，植株便立刻枯萎，將養分快速貯藏於地下莖，既可度過乾旱及寒冬季節，又能避免掠食者的齧食，直到翌年春天再度萌發新芽。

　　就像這樣，植物及動物為了避敵不斷演化，持續發展出更新的演化以免求生技能過時被淘汰。

> **想知道更多**
> 蛾利用超音波來反制以超音波尋找獵物的蝙蝠，這也是演化戰爭中的一例。

奈良公園的咬人貓

以日本為例，左為有很多鹿的奈良公園的咬人貓；右為其他地區的咬人貓。雖然都是咬人貓，但是左邊演化出了多刺的造型來避免鹿隻啃食。

避免被人類發現

被人類當中藥使用超過2000年的百合，在杳無人煙的地區呈現普通顏色（左），而在人類經常採摘的地區則呈現與周遭石塊相近的顏色（中與右）。

靠智慧來決勝負！

下課時間

變色龍其實沒有那麼「擅長隱身」

說到能改變體色的動物，應該有很多人會想到變色龍吧。變色龍屬於爬蟲類，主要棲息在馬達加斯加及東非。牠們最出名的幾個特徵是長長的舌頭、向外凸出的眼睛，以及鮮豔無比的體色。

變色龍可以在數秒之內改變體色。不過，其目的似乎不是為了避敵隱身。當變色龍想要調節體溫、因為生氣而倍感壓力，或是想要彰顯自己的強大時就會改變體色。

也就是說，相較於為了躲避天敵而隱身，變色龍更多時候是為了溝通才改變體色。不同種類的動物基於各種理由變色，這點也很有趣呢。

變色龍
變色龍的皮膚細胞內有很多色素，透過集結或擴散色素，能夠讓體色產生或深或淺的變化。

顏色變化真是多樣！

03 會用毒進行攻擊的動物

在生物當中，有一些物種具有相當危險的毒性。究竟牠們是如何運用自身的毒性呢？

首先，有些動物會用毒液來攻擊外敵。例如眼鏡蛇科的唾蛇會從毒牙中噴出毒液，射向外敵的眼睛。而紅褐山蟻在外敵靠近時，整個蟻群會一起用腹部末端噴出強烈的蟻酸發動攻擊。

此外，也有一些動物不僅會直接發動攻擊，還會使用毒液殺死獵物。例如蝮蛇科的龜殼花上顎有毒牙，咬到老鼠之後，老鼠會漸漸不能動彈，如此便能輕鬆獵食。再者，百步蛇的毒液會溶解肌肉，所以也有助於好好消化肚裡的獵物。

勤奮工作的蜜蜂遇到侵擾時，會透過尾部的螫針注射蜂毒退敵。而兇悍的大虎頭蜂遭到侵擾時則會群起攻擊，蜂針長達6公釐且可連續重複使用，帶有極強神經毒素，不僅能引起過敏性休克或心臟驟停，還能溶解肌肉組織，嚴重者可導致死亡。

> **想知道更多**
> 殺手芋螺是一種貝類，會用毒針射魚來獵食。

唾蛇

棲息在非洲南部的唾蛇噴出毒液的瞬間。射程遠達2～3公尺左右。

科摩多巨蜥

哇！真危險！快逃啊！

居住在印尼的科摩多巨蜥。下顎有毒，會咬住獵物使其衰弱後食用。

筆記

有時候某種生物的毒只對其天敵有效。例如蜘蛛的毒對大多數昆蟲有害，對人類卻沒什麼影響。

4 動物們的生活與高超能力

04 會用毒保護自己的動物

　　也有一些動物會用毒來抵禦外敵，藉此保護自己。

　　棲息在南美的箭毒蛙是以黃、紅、藍色等鮮豔體色聞名的蛙類。據說牠們擁有的毒性是所有生物當中最強的，強到

棲息在中南美熱帶雨林的蛙類。長約2公分的身體帶有劇毒。

草莓箭毒蛙

想知道更多

河魨透過食用有毒微生物在體內累積毒素，成為有毒的魚。

只要2微克（10^{-6}公克）就能致人於死。箭毒蛙利用鮮豔的體色，向周遭生物宣示自己帶有劇毒。以前人們還會將牠的蛙毒塗在吹箭及弓箭的箭頭上，作為狩獵之用。

也有一些植物具有毒性，來避免自己被動物啃食，例如生長在日本奈良公園內的杜鵑花科植物馬醉木。奈良公園以到處都是鹿而聞名，不過馬醉木本身有毒，所以鹿隻沒辦法吃這種植物。

> 我也找一套豔麗的衣服展現自己好了。

黑頭林鵙鶲

一種棲息在新幾內亞島熱帶雨林的嘯鶲，羽毛及皮膚等處有毒。透過食用有毒昆蟲，在體內累積毒素。

下課時間

毒也能當作藥！善用毒物的人類

我們人類會活用生物的毒素，讓生活變得更加豐富。

咖啡當中所含的咖啡因是一種植物性毒素，經過我們巧妙地調配用量，就變成了美味的飲品。咖啡因等植物性毒素大多含有名為「生物鹼」的物質，其結構與在人體內產生反應的物質相似，所以有不少生物鹼會對生物發揮某些效用。喝咖啡有助於提神，也是生物鹼帶來的效果之一。香菸所含的尼古丁也是一種生物鹼。

什麼是生物鹼
名為生物鹼的物質能用於製造助人提振精神的食物、飲品及藥物。

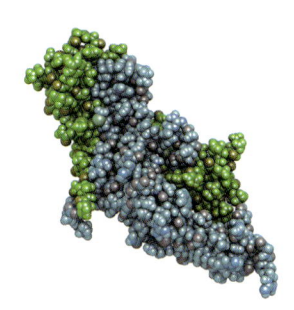

生產新藥的方式
開發新藥主要有三種方法。
- 從世界各地祖傳的藥用植物及動物材料中萃取有用的物質
- 從土壤等處尋找會產生有用物質的微生物
- 用電腦對具有必要效果的物質進行降低毒性等分析

　　此外，我們在生產治療疾病的藥物時，也會使用毒素。生物毒素會對身體產生某些效用，所以若是運用得當的話，毒也可以當作藥來使用。調查以前流傳下來的古藥成分、尋找並採集罕見的微生物、用電腦進行各種分析，都有助於研發新的藥品。人類往後也會繼續活用毒素，用於生產新藥、戰勝疾病。

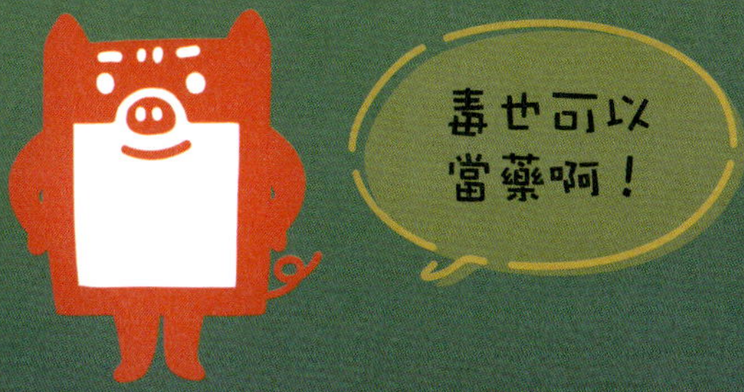

毒也可以當藥啊！

05 為了爭奪雌性，拚了命也要贏！

　　雄性動物為了繁衍後代，需要與其他雄性展開爭奪雌性的戰鬥。動物戰鬥的方法會因為種類而有所不同。

　　雄長頸鹿在爭奪雌性時，會以脖子互相擊打來戰鬥。這種行為叫作「脖鬥」，雄性之間會透過脖鬥分出誰比較優秀。有時候互撞的力道太激烈，還會造成脖子骨折而死亡。

　　鴨嘴獸雖然有著一副可愛的模樣，雄性卻身懷劇毒。鴨嘴獸的毒素是由特殊成分構成，其毒性強到可以殺死像狗那樣的小型動物。毒素從位於後腳與跗骨刺相連的足腺分泌，而鴨嘴獸在追求雌性的期間經常伸出有毒的跗骨刺，所以一般認為毒刺是雄性之間用來求偶競爭的工具。

　　雄性馴鹿或麋鹿為了爭奪雌性，在發情期間，會利用超大的鹿角（麋鹿的鹿角將近兩公尺長，重達18公斤）平均每兩小時就互鬥一次，不分晝夜，多數時間牠們都沒有進食。最後，雄鹿會在這個時期失去四分之一以上的體重，甚至有三分之一會因為戰鬥受傷而死去。

> **想知道更多**
> 有些雄性動物會以華麗的裝飾（例如孔雀）來吸引雌性和自己交配。

4 動物們的生活與高超能力

不…不用那麼激烈吧……

長頸鹿的脖鬥

長頸鹿進行脖鬥的模樣。

鴨嘴獸的後腳

毒腺
跗骨刺
後腳
尖爪
前腳

具有長約1.5公分的「跗骨刺」，與貯存毒液的足腺相連。似乎用於雄性之間的求偶爭鬥、對敵方發動攻擊等場合。

117

06 飄浮在空中！蜂鳥「拍動翅膀」的祕密

　　小型鳥類比大型鳥類還要輕，所以牠們很擅長「上下拍動翅膀」的動作。而說到最擅長拍動翅膀的鳥類，當屬棲息在美洲的蜂鳥。牠們的體重只有2～20公克，拍動翅膀時能夠做出懸停在空中、往前後或上下左右移動，甚至是後空翻的動作。

　　當蜂鳥以身體傾斜約45度的姿勢伸出翅膀，水平方向的振翅頻率高達每秒20～80次。牠們特別的地方在於，下揮翅膀時相當於掌心部分的翼面雖然是朝下的，但是上舉翅膀時卻會翻轉掌心，彷彿將整個翅膀顛倒過來。這也是為什麼蜂鳥水平方向振翅時看起來像是一直懸停在空中。

> 拍動翅膀的方法也大有學問啊

想知道更多
雖然拍動翅膀的方法稍有不同，不過白頰山雀等鳥類也能懸停在空中。

懸停的蜂鳥

為了吸花蜜而停在空中（懸停）。

筆記

鳥類的飛行方法大致分為兩種：「滑翔」與「拍動翅膀」。「滑翔」是鳥類以翅膀不動的姿態在風中前進，藉此飄浮在空中。但是若想同時獲得前進的力，「拍動翅膀」就是其中一個方法。

蜂鳥拍動翅膀的動作

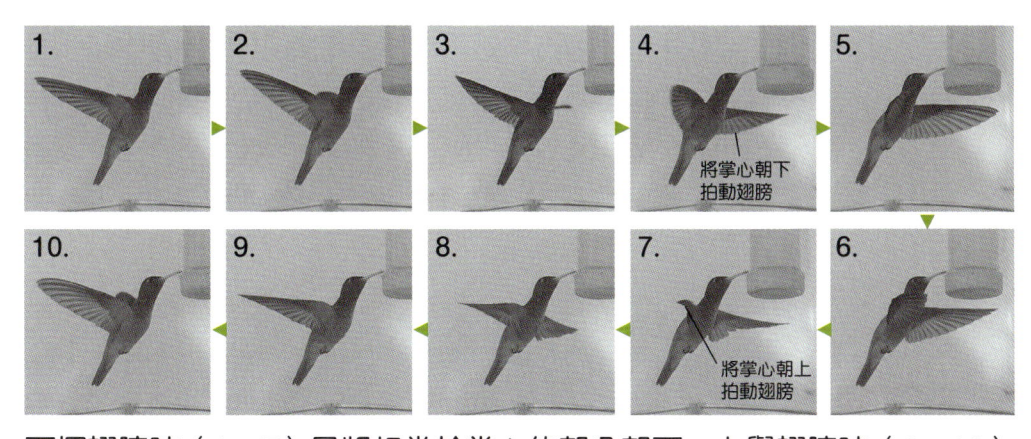

1. 2. 3. 4.（將掌心朝下拍動翅膀） 5.

10. 9. 8. 7.（將掌心朝上拍動翅膀） 6.

下揮翅膀時（1～5）是將相當於掌心的部分朝下，上舉翅膀時（6～10）則會將掌心翻轉過來。

4 動物們的生活與高超能力

07 乘風飛翔！大型鳥類「滑翔」的祕密

　　大型鳥類有一雙寬大又帥氣的翅膀，這是小型鳥類所沒有的。當牠們在空中展開雙翼不動，就能乘著風持續飛翔（滑翔）。

　　生活在陸地與海洋的大型鳥類各有不同的翅膀造型。由於陸地天空的亂流比海洋天空更為激烈，所以鳶、鷹等陸鳥的翅膀在羽毛之間有空隙，功能是讓風從縫中穿透以調整氣流，減輕亂流的影響。

　　另一方面，在相對平穩的海洋天空，信天翁等海鳥的翅膀沒有空隙，翅膀的末端細長而尖銳。這樣的翅膀很適合滑翔，即使在無風的情況下，信天翁有時也能滑翔將近40公尺的距離。

　　不管是陸鳥還是海鳥都會善用氣流向上飛升。以禿鷲為例，牠們是世上最重（重達14公斤）的飛鳥之一，但會利用陸地熱空氣上升的原理朝天空飛升、乘風移動。

想知道更多

翅膀越寬大則接觸翼面的空氣量越多，能獲得向上飛升的力。

陸鳥的範例 禿鷲

翅膀末端
有空隙

滑翔的禿鷲。禿鷲的翅膀呈現近似長方形的造型，有助於掌握風的流動。翅膀末端的空隙可以讓陸上強風順利穿透，減輕亂流的影響。

海鳥的範例 信天翁

翅膀末端沒有空隙，
呈尖銳狀。

翅膀不動
也可以飛啊？

滑翔的信天翁，翅膀相當細長。海洋上空幾乎沒有亂流，所以牠們的翅膀末端沒有空隙，呈尖銳狀，利於掌握海風的流動，搖曳著身體乘風飛行。

4 動物們的生活與高超能力

121

08 宛如忍者！在水面上奔跑的雙冠蜥

　　雙冠蜥是生活在中美洲叢林裡的蜥蜴。牠們可以用非常快的速度在水面上奔跑，是一種模樣獨特罕見的動物。為什麼雙冠蜥可以橫越水面，不會沉入水中呢？

　　雙冠蜥平常棲息在水邊，很擅長游泳及潛水，當牠們被鱷魚、蛇等天敵發現時，就會使用後腳在水上全力奔逃。秒速高達3.1公尺（約一般樓層的平均高度），平均每秒踏出20步（一步約15公分）左右！

　　如果以慢動作觀察雙冠蜥奔跑的模樣，就會發現牠們把水往後撥，利用腳蹼接觸水面瞬間並往後撥水產生的反作用力，來抵銷身體往下沉的重力並獲得往前的推進力。雙冠蜥以飛快的速度反覆利用這個力，讓自己得以在水上移動。

　　此外，雙冠蜥有蹼的後腿踩入水面時，會形成一個充滿空氣的空腔，而在空腔消失之前迅速抽腿離開，可減少與水接觸所產生的阻力。即使水面太寬，無法奔跑到對岸，牠也善於游泳，可以在水下停留長達一個小時。

想知道更多

基於耶穌在水上行走的傳說，雙冠蜥又名為「耶穌蜥蜴」。

雙冠蜥

攝於哥斯大黎加，攀附在樹枝上的雙冠蜥。

好厲害的忍術！

雙冠蜥的奔跑方式

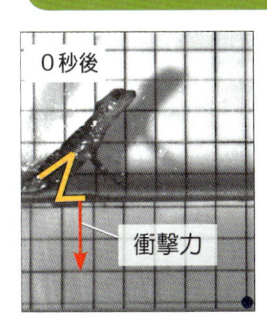

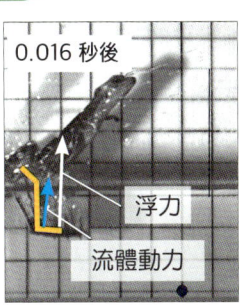

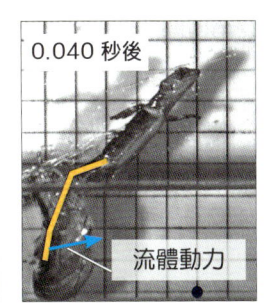

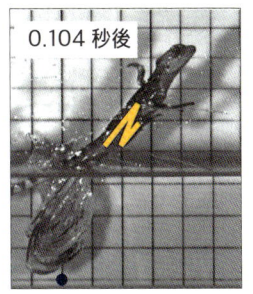

0 秒後	0.016 秒後	0.040 秒後	0.104 秒後
衝擊力	浮力 / 流體動力	流體動力	
接觸水面	朝下踏出腳蹼	用腳蹼往斜後方撥水	腳抽離水中

4 動物們的生活與高超能力

123

09 巢的功能① 生育後代

　　動物會製作自家專用的巢穴，以便安全無虞地產子、孵卵、養育雛鳥或幼仔。

　　許多鳥類都會築巢。牠們使用植物枝葉、樹皮等，加上羽毛及苔蘚等，打造出柔軟舒適的窩巢。也有一些鳥類會像

亞洲金織布鳥的巢

住在東南亞的織布鳥科動物。雄性會打造氣派的巢來引誘雌性。牠們以水邊的樹枝加上細長的草、棕櫚葉等來搭建鳥巢。

想知道更多

大多數魚類沒有築巢行為，而是將卵產在海藻或岩礁中。

燕子那樣，在鳥巢外側塗抹泥土來加固。

　　至於蜥蜴、鱷魚等爬蟲類，出生後代的性別大多是根據置卵場所的氣溫而定，所以巢穴的溫度非常重要。牠們會善用植物發酵時產生的熱能、太陽的熱度來調節巢穴的溫度。

　　有些魚類會築巢並在巢內產卵，例如哈氏異康吉鰻（俗稱花園鰻）便擁有專屬的巢穴。

　　儘管如此，大多數動物似乎都是將巢穴作為育兒用的暫時性場所，並不像人類的住家是每天生活起居的地方。

蒼頭燕雀的巢

分布在歐洲至西西伯利亞一帶。使用細枝、枯草及動物毛等來築巢，再以苔蘚及毛加固外側。

如果是我的話，會想做五彩繽紛的巢穴！

10 巢的功能② 躲避外敵侵擾

　　雖然不如我們想像得那麼多，不過也有一些動物會在選定的地方築巢生活。尤其兔子、老鼠等小型哺乳類為了保護自己不受外敵侵擾，大多具有築巢定居的習性。

棲息在加拿大至墨西哥一帶美洲森林裡的美洲河狸的巢穴。

河狸的巢

想知道更多
築巢是一種本能。河狸不需要向誰學習建造水壩，牠們天生就會。

河狸會在河川上興建獨特的巢穴，用於生養後代、定居生活。牠們會使用強壯的牙齒啃斷周遭樹幹，攔截河流、打造水壩，藉此防止狼等天敵進入河川。停止流動的河會形成類似水池的場所，河狸會在那裡用小樹枝等物搭建巢穴。而且巢穴的入口是蓋在水中，可以有效防堵外敵入侵。當河川變成水池，就會吸引水鳥飛來、水草叢生，使周遭環境跟著大幅改變，這也是相當有趣的現象。

> 蓋水壩看起來是一項大工程！

河狸

河狸屬於囓齒動物。雖然是哺乳類，卻擁有平坦的尾巴與鱗片般的皮膚。後腳有蹼，也很擅長游泳及長時間潛水。

11 巢的功能③ 捕捉獵物

　　蛛形綱（8足）的蜘蛛與昆蟲綱（6足）的螞蟻及蜂特別擅長築巢。我們在日常生活中也經常看到牠們的蹤影。

　　其中又以蜘蛛網的功能最獨特，巢穴本身就是用來捕捉

草蛛科蜘蛛。棲息在森林、樹籬、屋內、地板下等處。會織出形狀隨機的網巢，等待獵物落入其中。

蜘蛛

> **想知道更多**
> 蜘蛛走在網上面不黏的縱軸線上，所以不會被自己的網黏住。

獵物的工具。蜘蛛會在自己的體內產生絲線，從肛門放出絲線來織網，網中的螺旋狀絲線具有黏性，等待獵物掉入、受困網中再進行捕食。

　　蜘蛛有很多種類，蜘蛛網的設計也會因為種類而有所差異，也有一些蜘蛛不會織網。不論是在家裡、田地或野外，都很容易發現蜘蛛網的蹤影，不妨試著觀察一下身邊的場所，說不定會帶來有趣的發現喔。

很好，接下來就等獵物上門！

悅目金蛛會織出漂亮的圓形蛛網。

12 巢的功能④ 冬眠時的睡鋪

　　松鼠及熊等動物為了度過寒冬而有冬眠的習性，大家對於牠們的過冬築巢行為應該也不陌生。

　　棕熊、北極熊等生活在寒冷地區的熊類，如果秋天時

熊

築巢以作為冬眠期間的睡鋪。
圖為抱著2隻小熊的棕熊媽媽。

想知道更多
剛結束冬眠的熊會四處尋找食物，如果遇上牠會很危險。

能在體內貯存到足夠的養分，12月以後就會什麼也不吃地在巢穴裡過冬，直到春天來臨。牠們的巢穴多為巨型樹穴（樹洞）、岩穴等。熊會在裡面冬眠，而懷孕的雌熊會在冬眠期間生產。

　　這是一種在難以取得食物的嚴冬時期，窩居巢穴裡靜待春天來臨的生存策略。

松鼠

入秋以後開始將糧食搬入巢穴，作為過冬的存糧。

黑猩猩

使用樹葉及枝條在樹上搭建床鋪睡覺。

我今年也來冬眠好了～

13 大家一起**興建宛如公寓**的巢穴

　　也有一些稀奇的動物會全員齊心協力，打造巨大又堅固的巢穴來抵禦外敵或氣候帶來的威脅。

　　群織雀棲息在非洲南部，具有鳥類中罕見的習性，牠們會和同類合作建造巨大的鳥巢。這些像是吊掛在樹枝上的鳥

棲息在非洲南部的群織雀。
很像麻雀。

群織雀的巢

這個真的是鳥巢嗎？

巢寬達6公尺、重達1公噸，規模相當驚人。數量多的時候，甚至會出現大約500隻鳥一起生活的情況。

即使育雛工作結束，群織雀仍會繼續住在同一座鳥巢，而牠們的鳥巢可以使用100年以上、傳承好幾個世代。鳥巢的規模很大，能夠對抗莽原的酷熱。

澳洲有一種白蟻會在草原上共築巨大的蟻巢。其規模高達2～3公尺左右，能抵擋草原急速變動的溫差。

蟻丘

澳洲西北部草原上的白蟻丘（蟻巢）。它們使用土壤和唾液的混合物等材料築巢。巢穴之大，對比牠們僅長約0.5公分的身體實在難以想像。

想知道更多

通常人們對白蟻的印象是害蟲，但是住在人類家裡的白蟻種類僅占整體的6%左右而已。

下課時間

各式各樣的動物卵

卵的造型有各種功能,像是降低被天敵發現的機率、避免乾燥、讓黴菌或細菌難以附著等等。尤其昆蟲卵有很多獨特的造型,光是觀察就很有趣。為了躲避天敵,集中產卵需要多花一些心思。該怎麼做才能讓更多後代有存活的機會,多方考量造就出如今卵的模樣。

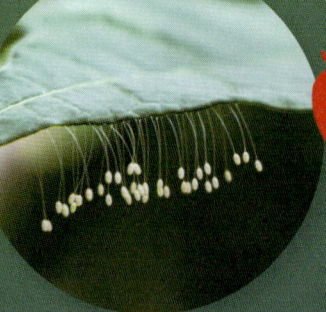

垂掛在絲線上的卵
透過像絲線的柄垂掛的草蛉卵。

枯葉大刀螳的卵囊
以袋狀物包裹好幾顆卵的卵囊。

有各種形狀呢!

附有蓋子的各種蝽象卵。

134

第 5 節課

體型嬌小卻很厲害的昆蟲們

雖然昆蟲身形嬌小，卻個個身懷超能力。有些昆蟲具備的獨門絕技，甚至可以作為我們人類發展新技術的參考對象。小小的昆蟲卻有著大大的功能，趕緊來瞧一瞧吧。

一起行動
Let's Go！

01 蛹的內部充滿了黏稠液體？毛毛蟲是怎麼變成蝴蝶的？

　　毛毛蟲會在成長過程中結蛹，之後化為美麗的蝴蝶。牠們在幼蟲期與成蟲期的外觀相差很大。究竟毛毛蟲在蛹中經歷了什麼樣的變化呢？

　　變成蛹之後，毛毛蟲的大部分身體會開始溶解，轉變成黏稠的脂肪，再重新建構蛻變成蝶的新身體。眼睛、翅膀、生殖器官等部分會逐漸成形。

　　好不容易長到那麼大了，還要化成黏稠的液體……為什麼要如此勞神費力呢？

　　幼蟲期的首要任務是盡可能地壯大身體，一旦進入成蟲期，目標就變成繁衍子孫了。一般認為，身體構造之所以有所差異，或許是為了把重心放在各個階段應該達成的任務。這種從幼蟲轉為成蟲的變化稱為「變態」，許多昆蟲都會經歷這個過程，分成只有卵、幼蟲和成蟲三階段的「不完全變態」；與經歷卵、幼蟲、蛹和成蟲四階段的「完全變態」。

> **想知道更多**
> 大約 86% 的昆蟲會經歷從幼蟲到蛹再到成蟲的過程，大幅改變身形樣貌。

5 體型嬌小卻很厲害的昆蟲們

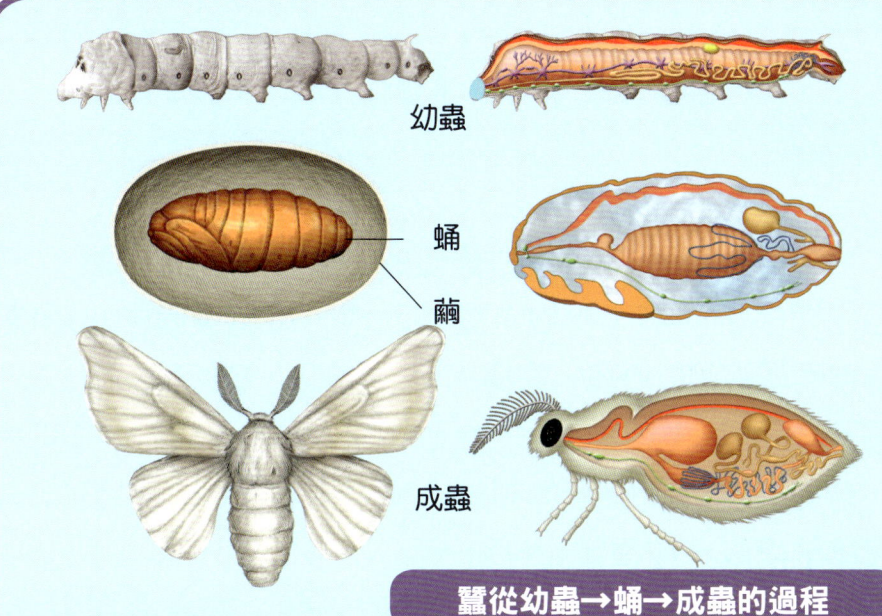

幼蟲

蛹

繭

成蟲

蠶從幼蟲→蛹→成蟲的過程

- 幼蟲體內幾乎都是消化道，代表具有專注進食的身體。
- 結蛹以後，幼蟲期的肌肉幾乎都會溶解。開始建構成蟲期的身體器官。
- 成蟲的任務是繁衍後代，所以會在腹部形成精囊或卵巢、用於飛行的翅膀及肌肉。

筆記

眼睛是蝴蝶及蛾等昆蟲經過變態會大幅轉變的器官之一。在變為成蟲的過程中，會形成由大約1萬個眼睛構成的「複眼」，視力遠比幼蟲期提升許多。

毛毛蟲

右邊圖為白粉蝶的幼蟲。愛吃高麗菜葉，是很常見的昆蟲。

白粉蝶

原來是這樣變成蝴蝶的啊

137

02 昆蟲視力絕佳的祕密

大多數昆蟲都擁有視力絕佳的眼睛，稱為「複眼」。複眼是由眾多小眼睛（小眼）集結而成，每個複眼的小眼數量以螞蟻而言約有600個，家蠅約有3000個，蜻蜓則多達1萬～3萬個。

若從外側觀看蜻蜓的複眼，會發現六角形的小眼以一定規律集結而成，結構宛如蜂巢。

各個小眼並非直接捕捉所見的物體，而是將視野中的極小部分化為色點來識別。透過多個小眼觀看大量色點，達到視野成像的效果。複眼的構造就像球狀物上排列著許多眼睛，所以也能看到上下前後左右各方向的事物，使昆蟲得以用廣角環視周遭。

> 原來上面有這麼多眼睛啊！

想知道更多

螳螂的複眼到了晚上會變色，即使環境昏暗也能尋找獵物。

5 體型嬌小卻很厲害的昆蟲們

秋紅蜻蜓

一種日本常見的蜻蜓。俗稱的紅蜻蜓就是指這種生物。

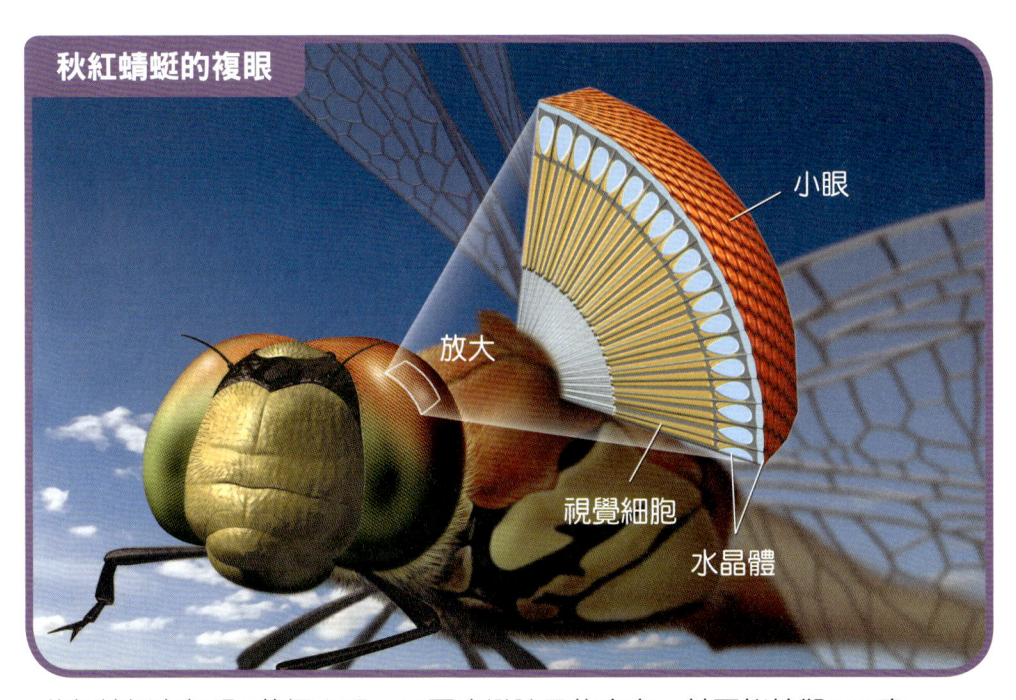

秋紅蜻蜓的複眼

小眼

放大

視覺細胞

水晶體

秋紅蜻蜓有超過2萬個小眼。只要改變脖子的方向，甚至能綜觀360度。

139

03 獨角仙的**幼蟲**對**疾病**很有抵抗力！

　　造成昆蟲染病的其中一個原因在於，有病原體從皮膚入侵。尤其是身體外側還沒長出堅硬骨骼的幼蟲，更容易遭到病原體從皮膚進攻而影響健康。可是幼蟲的主食腐植土當中明明充滿了黴菌及細菌，牠們究竟是用什麼方法來保護自己的身體呢？

　　每年6～7月期間，雌獨角仙會將卵產在腐植質的土壤中。幼蟲以腐植質為食，發育至第三齡，隔年6～7月化蛹，幾個月後成蟲才破蛹而出，因此獨角仙的幼蟲在土壤中生活長達1年。

　　獨角仙的幼蟲是藉由一種「抗菌蛋白」（抗菌肽，又稱為防禦肽）來對抗病原體。這種物質會穿透細菌的外套膜，干擾細菌代謝，殺死細菌。其運作方式和至今以來人類所知的殺菌原理截然不同。獨角仙幼蟲擁有的這種物質，或許對於研發治療頑症的藥物有所幫助，因而廣受醫界矚目。

　　小小昆蟲的抗菌能力竟然藏有治療人類疾病的可能性，聽起來很厲害吧。

想知道更多
也有其他利用昆蟲的抗菌能力開發新藥的實例。

獨角仙幼蟲與防禦肽運作示意圖

防禦肽會穿透病原菌的細胞膜,使病原菌細胞流失生存所需的成分而死亡。當所有細菌都消亡以後,防禦肽也會消失。

穿透

病原菌

防禦肽

筆記

據說防禦肽的殺菌效果對造成醫院院內感染的抗藥性「超級細菌」MRSA（抗二甲苯青黴素金黃色葡萄球菌）也有效果。除此之外,也可以期待在抗癌方面的可能性。

昆蟲的抗菌能力竟然可以應用在藥物上,真厲害！

獨角仙　　從幼蟲變為成蟲的獨角仙（雄性）。

5 體型嬌小卻很厲害的昆蟲們

141

04 鳳蝶能透過前腳試吃味道

　　昆蟲的身體表面覆有許多細毛，這些毛的感覺相當敏銳，能作為感知物體的感受器。

　　在蝴蝶、蒼蠅這類昆蟲中，有些物種是靠腳而不是嘴巴來感知味道。鳳蝶便是其中之一，牠們在產卵之前會做出「用腳試吃葉片」的獨特行為。

　　柑橘鳳蝶的幼蟲非常愛吃柑橘類植物的葉子，可是對於不合口味的葉子卻毫無興趣。因此，萬一鳳蝶媽媽把卵產在小孩不愛吃的葉子上，就會造成幼蟲拒食而餓死。

　　準備產卵而停在葉片上的柑橘鳳蝶會用前腳敲擊葉面，等葉子流出汁液後試吃味道。當腳上的細毛感知到柑橘葉的成分，就會刺激鳳蝶把卵產在上面。鳳蝶媽媽是透過這種方式挑選小孩喜愛的柑橘葉產卵。

　　由於鳳蝶的幼蟲偏好嫩葉，因此比起其他攝食柑橘樹的害蟲（例如蛀食枝幹的星天牛幼蟲、吸食枝葉及果實汁液的介殼蟲等），鳳蝶的幼蟲對果樹的危害並不嚴重。

想知道更多

蒼蠅一直搓腳是為了去除髒汙，讓腳的感覺器官隨時保持敏銳。

5 體型嬌小卻很厲害的昆蟲們

產卵前的鳳蝶

揮動前腳敲擊葉面，使其出汁。

長在腳尖的細毛具有感知味道的器官，能藉此檢測柑橘葉的成分。

昆蟲腳真的什麼都知道吔！

143

05 利用各種方法來聯繫同類的昆蟲

　　昆蟲的觸角非常敏銳，就連極小的變化都能夠察覺。因此，即使昆蟲無法像我們一樣開口說話，仍可以透過氣味、光線、振動等媒介和同類交流。

　　雄蠶會以雌蠶散發的氣味（費洛蒙）為線索，找到雌蠶所在的位置。牠們的觸角上長有能感知微弱費洛蒙的毛，感測距離甚至可達一公里。

　　螢火蟲不分雄雌都會使用發光的尾部互相交流。雄、雌性發光的模式不同，所以注意到對方時就會接近進行交配。

　　雄水黽會在水面製造波紋，波紋頻率分為三種：排斥訊號、威脅訊號與求偶訊號。雄水黽會先發出排斥訊號，讓其他水黽知道已進入了牠的區域內。如果對方沒有發回排斥訊號，那麼雄水黽就知道對方是雌性，便會向雌性發送求偶的訊號。當雌性透過腳上的毛感測到振動，就會接近發出訊號的雄性。

　　人類也會受這些昆蟲的感官功能啟發，不斷研究如何創造對生活有幫助的器具。

> **想知道更多**
>
> 人類運用螢火蟲的發光原理，製造出能檢測病菌的微生物螢光檢測儀。

昆蟲的感官真是敏銳！

5 體型嬌小卻很厲害的昆蟲們

感知費洛蒙的蠶

當雄性透過觸角感知到雌性的氣味，就會振翅尋找氣味來源，朝雌性的方向前進。能持續感知到氣味的話就直線前進，如果氣味的感知中斷便開始迂迴前進。

雌蠶

費洛蒙

雄蠶

雄蠶前進方式的示意圖

以光來聯繫的螢火蟲

尾部具有發光器官。透過螢光素酶來製造光芒。

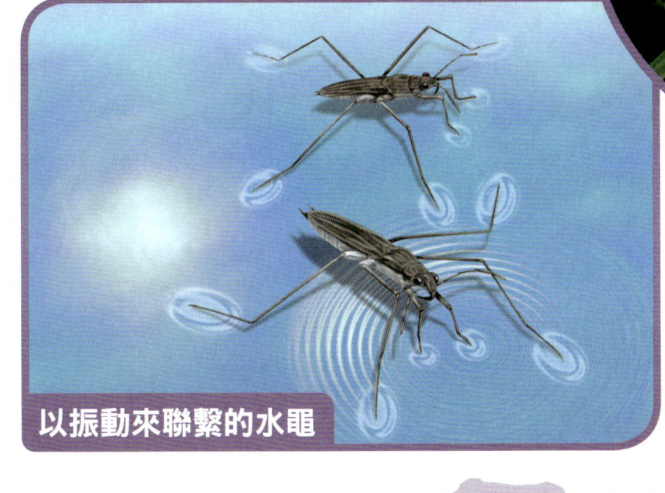

以振動來聯繫的水黽

雄水黽會在水面製造波紋，向雌性發送訊號。雌性能藉由腳上的「感覺毛」接收振動。水黽也是透過同樣的方式發現獵物的位置。

145

下課時間

在巢穴中栽培蕈菇的白蟻

非洲的大白蟻會建造非常巨大的蟻巢（蟻丘），規模甚至可達8～9公尺高。蟻丘的外觀看起來就像煙囪。

其實蟻巢中有個「蕈菇栽培室」，白蟻會在那裡栽種名為蟻巢傘（又稱雞肉絲菇）的蕈菇作為糧食。但是蕈菇發酵時會產生熱能，如果導致整座蟻巢變熱將是一個大問題。因此，白蟻想出了一個解決方法——製作具有降溫作用的板狀物。有了這些板狀物，蟻巢就能維持舒適的溫度。

這些巨大的板狀物位於蟻巢底下，白蟻會前往地底深處汲水，將含在嘴裡的水淋在板狀物上。如此一來，板狀物得以散熱，蟻巢的溫度就能常保低溫。

此外，蟻巢有趣的煙囪形外觀，還能發揮向外排出因為蕈菇釋出二氧化碳而混濁的空氣，讓新鮮空氣流入巢內的作用。

大白蟻的蟻丘
棲息在非洲的大白蟻所建的煙囪形蟻丘，大者的高度甚至可達8～9公尺。非洲莽原的氣溫有時候會升高到40℃以上，不過蟻丘內部可以維持在大約30℃。

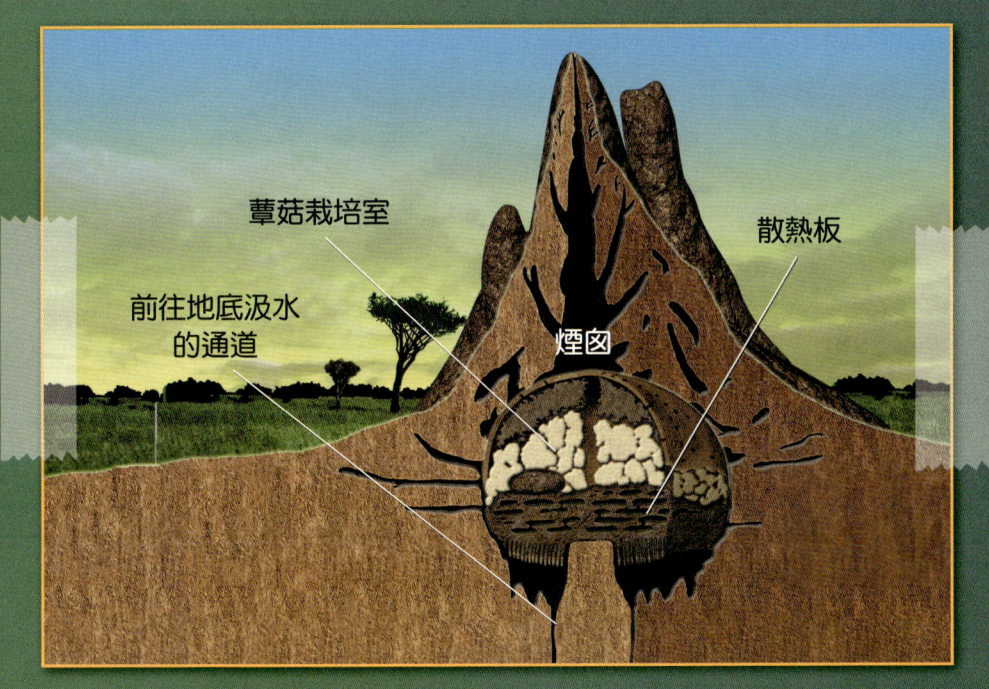

蕈菇栽培室
散熱板
前往地底汲水的通道
煙囪

白蟻連冷氣都能自製啊！

06 危險的工作就交給長者！工蜂的分工制度

　　有些昆蟲是在明確的分工制度下過著群居生活，蜜蜂就是其中一個例子。蜜蜂社會是由一隻女王蜂、數萬隻工蜂（雌蜂）以及數千隻雄蜂所構成。雖然工蜂在其中肩負許多重要工作，不過牠們大致的工作內容其實是依照年齡而定。

年老工蜂
採集花蜜及花粉

想知道更多
女王蜂的工作是產卵。工蜂無法生育，牠們負責產卵以外的工作。

5 體型嬌小卻很厲害的昆蟲們

年輕工蜂主要在蜂巢的中心養育後代。中年工蜂負責接收採回來的花蜜、促進巢內空氣流通等等，所以待在蜂巢的入口附近工作。至於已經上了年紀的工蜂則要出外採集花蜜及花粉，從事最危險的工作。

為了延續族群而保留年輕世代，或許是蜜蜂的生存策略吧。

> 牠們沒有敬老節嗎？

年輕工蜂
在蜂巢中央照顧幼蟲

中年工蜂
在蜂巢入口處拍翅換氣

接收採回來的花蜜

149

07 為什麼蟑螂逃跑的速度可以那麼快？

蟑螂是一種從古至今外貌幾乎沒有改變，存續超過3億年的昆蟲。說不定現在就有幾隻蟑螂躲在各位的家裡呢。

據說蟑螂爬行的速度可達秒速50公分甚至1公尺。蟑螂的腳又細又長，肌肉也很靈活。

蟑螂能夠感知敵人接近時產生的微弱空氣流動。透過長在腹部末端「尾器」的毛（感覺毛），可以感知空氣流動等變化。

透過感覺毛感知到空氣流動後拔腿逃跑，其反應速度只要短短的0.02秒。據說人類的反應速度是0.2秒左右，相較之下蟑螂可以說是非常快。

或許正是因為蟑螂善用這些特長，長久以來才能從各種挑戰中存活下來。

除了避敵動作迅速之外，有些蟑螂能夠在沒有食物的情況下，依靠有限的資源（例如郵票的背膠）存活一個月。冬眠的日本蟑螂可在攝氏零下5至8度中存活12小時。有些蟑螂甚至可以在沒有空氣的情況下存活45分鐘。可見蟑螂有多麼頑強。

想知道更多

蟑螂的腳是胸部在控制，所以即使少了頭（腦）仍可以活動。

5 體型嬌小卻很厲害的昆蟲們

長觸角
能探測氣味等各種感覺。準備鑽入狹窄場所時，也會利用觸角探測周遭，確認縫隙大小是否足以讓身體通過。

翅膀
不擅長飛行。當氣溫變高時，偶爾會起飛。

尾器
位於腹部末端的突起，能感知空氣的流動及風速。對於秒速僅2公分的風也會有反應。

黑褐家蠊

能力太犯規了吧！

筆記

連在蟑螂腹部末端的尾器分成許多節，大小不一的「感覺毛」並列在各節上。當這些細毛隨著空氣流動偏移，相關資訊就會傳遞至神經。不光是蟑螂，許多昆蟲都具有靈敏的感覺毛。

151

下課時間

外表可愛卻是世界最強？
神祕生物水熊蟲

有種平均身長僅0.5毫米左右的神祕生物，名字叫作水熊蟲（緩步動物，也稱為苔蘚豬）。世界各地都能發現牠們的蹤跡，連南極、深海也不例外。外表是不是看起來有點可愛呢？

周遭環境乾燥時，水熊蟲會蜷縮身體變成類似酒桶的形狀，即使沒有養分依舊能存活數年以上。再者，牠們甚至可以忍受150℃的高溫、零下270℃的低溫、6000大氣壓、超濃度的窒息性氣體、X射線與紫外線輻射乃至於真空狀態，生存能力相當驚人。

好像在哪裡都可以存活！

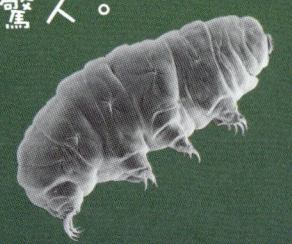

水熊蟲
棲息在全世界，路上有苔蘚的地方也能發現其蹤跡。身體表面覆有硬膜。

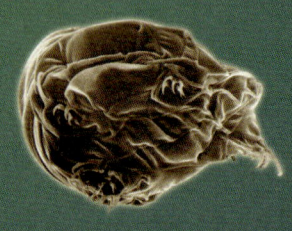

縮成酒桶狀的水熊蟲
水熊蟲的壽命只有幾個月左右，然而一旦環境乾燥，進入假死狀態就能存活數年以上。給予水分便會恢復正常而開始活動。也有從120年乾燥狀態恢復正常的實例。

第6節課

動物的未來

因為失去居住環境、被人類大量捕殺,導致數量銳減的動物也不在少數。本節課就來好好地審視一番,人類的活動會對動物帶來什麼樣的影響吧。

01 什麼是「生物多樣性」？

　　就和「生態系」的概念一樣，不管是對動物還是對我們人類而言，「生物多樣性」的重要性都無可取代。

　　大家知道「生物多樣性」這個詞嗎？或許以前曾透過新聞、學校課程等管道，聽過或學過這個詞。

　　生物多樣性簡單來說是指「有各種生物共存」。生物多樣性又可以從3個面向來探討，分別是「遺傳多樣性」、「物種多樣性」以及「生態系多樣性」。

> 有各種生物共存是很重要的！

想知道更多
雖然臺灣土地狹小，生物多樣性卻很高。

6 動物的未來

三種多樣性

物種多樣性
動物的種類五花八門，有海洋生物、陸地生物等等。如果再加上昆蟲、植物、微生物乃至於尚未發現的生物，則生物種類應該超過數千萬種。

遺傳多樣性
物種的個體數偏少代表遺傳多樣性低。圖為棲息在日本西表島的西表山貓，2008年的調查結果顯示其數量僅存大約100隻，有減少的傾向。

生態系多樣性
「里山」是指有人居住的聚落及其周邊廣闊的農地、河川等，有人類適度介入的自然生態系。生態系中也包含了由人類經營維持的多樣性。

里山的風景

雜木林（人為管理的森林）

聚落

水田

155

下課時間

遺傳多樣性至關重要的原因

　　一般而言，某種生物的數量越多則滅絕的風險越低，其中一個原因在於各種生物本身擁有的基因差異。當該物種數量越多，具有不同基因差異的個體就

一對雷鳥
雷鳥由於過去數量減少的關係，遺傳多樣性非常低。有類似情況的物種比較容易滅絕。

越多，代表遺傳多樣性比較高。如此一來，即使遇到疾病傳播、劇烈氣候變化等危機發生，有部分個體存活的機率還是很高，不會那麼容易滅絕。

生物的世界也很辛苦呢！

讓部分個體存活下來是很重要的。

02 造成動物生活改變的「地球暖化」

本書至此已經介紹了許多生物之間的關係，接著就一起來看看與動物息息相關的「環境」吧。

大家有聽過「地球暖化」這個詞嗎？如今，全球的平均氣溫至少持續上升了100年左右，世界各地發生旱災、火山爆發、洪水的現象也在增加。

暖化不光對人類造成影響，對許多生物而言也是一個很大的問題。舉例來說，在寒冷地區及冰冷海域生活的生物中，有些物種因為暖化造成氣溫及海水溫度急遽升高，陷入數量持續減少的困境。

總覺得氣候在逐漸變熱……

想知道更多

一般認為，地球暖化的肇因是人類活動。

產卵時期的變化

日本學者調查，本州新潟市的小椋鳥於1978年時平均在5月25日開始產卵，但是到了2004年已經提早至5月10日。

棲息地減少

北極熊主要在海冰上面進行狩獵。如果海冰因為暖化而持續減少，北極熊將會面臨數量銳減的生存危機。

分布地區的變化

日本的大鳳蝶於1950年左右以前的分布地區最北只到日本南部的山口縣及愛媛縣，但是到了2000年左右已經能在日本中部的關東地區看到其蹤影。

開花時節提早

日本櫻花的開花時期在10年內平均提早了1.6天。此外，以阿拉伯芥為對象的實驗結果顯示，當暖化加劇，開花期間也隨之變短，到最後甚至不開花。

03 人類導致動物「滅絕」的原因有哪些？

當某種生物從地球上消失，就稱為「滅絕」。暖化是造成生物減少的原因之一，不過人類活動也會導致生物數量銳減甚至是滅絕。

第一種情況是人類破壞掉生物的棲息地；第二種是人類獵殺太多生物；第三種則是人類引進的「外來種」威脅到原生物種。

所謂的外來種，是指人類從原生棲息地帶往新地區的生物。有些外來種會獵食原本就棲息在當地的生物或是散播疾病，造成當地的生態系失衡。

下一單元將會詳細介紹人類導致動物滅絕的原因。

> 原來罪魁禍首是人類……

想知道更多

2017年「臺灣陸域動物紅皮書名錄」中有105種動物被列為「受脅物種」。

6 動物的未來

棲息地破壞
森林砍伐等活動造成生物的棲息地縮減。

濫捕
朱鷺曾經減少到全球只剩下數隻。

外來種
山羌是生活在中國南部與臺灣的鹿科動物。引進日本動物園後，從動物園脫逃的山羌入侵到千葉縣及伊豆大島。

個體數減少

後代的死亡率變高，繁殖率下降。

數量進一步減少。

遺傳多樣性降低。

出現雄性雌性比例失衡、近親交配的狀況。

滅絕

滅絕漩渦

上圖為滅絕漩渦的示意圖。當棲息地遭破壞、濫捕、外來種入侵等問題發生，將會導致生物的數量減少。之後衍生出雄性雌性比例失衡、數量銳減的動物只能與特定對象交配（近親交配）的狀況，造成遺傳多樣性降低。一旦遺傳多樣性降低，又會產生後代死亡率變高等問題，數量變得更少。

161

04 由於農業需求遭到破壞的動物棲息地

照片為「亞馬遜雨林」的模樣，人類活動導致森林正在減少。在亞馬遜，人類為了創造更多農業用地，持續進行砍伐、焚燒樹木的活動。

想知道更多

現在巴西的目標是在 2030 年以前終止對亞馬遜雨林的破壞行為。

6 動物的未來

動物們的家不見了！

163

05 人類活動汙染河川及海洋

這張照片攝於「裏海」的「窩瓦河」河口。人類使用的肥料、受到汙染的用水從河川流入海洋，造成浮游生物大量增生。

想知道更多

臺灣重要河川嚴重污染河段長度比率由 2002 年 14% 下降至 2021 年 3.7%。

這個現象稱為「優養化」，是在陸地上使用的肥料等物質流入河川，導致水中含有過多養分所致。

　　原本浮游生物是水中生物的食物來源。可是一旦大量增殖，過量的浮游生物進行呼吸作用時會消耗太多水中的氧氣；在水面大量增殖的浮游生物，使陽光無法穿透至水底，就會造成水裡的水草等植物死亡。

這是人類必須想辦法解決的問題……

06 海水溫度上升造成珊瑚礁死亡

照片為在海中與海葵共生的「小丑魚」（眼斑雙鋸魚）的模樣。周圍散布著一些已經變白的珊瑚。

珊瑚是由「珊瑚蟲」這種動物集結而成，珊瑚蟲透過名

想知道更多
近年來，地球暖化造成海水溫度上升，使珊瑚逐漸往北移動。

為「蟲黃藻」（又稱為共生藻）提供養分來維生。當蟲黃藻面臨壓力、水溫上升之類的變化，就會逃離珊瑚蟲身邊。失去蟲黃藻的珊瑚會像照片中那樣變白（稱為「白化」），最終死亡。

近年來，這種珊瑚白化的現象開始在各地區發生。一般認為，其中一個原因就是地球暖化造成的海水溫度急遽上升所致。

沒剩多少魚了……

07 人類引進的生物破壞生態系

　　照片為住在日本各地湖泊的外國種魚類「黑鱸」。生性凶猛的黑鱸在琵琶湖增生，造成原本棲息在當地的「大眼鯽」等原生種持續減少。此外也有報告指出，黑鱸的蹤跡已經擴及到琵琶湖以外的全國湖泊，導致鯉魚、蝦子等原生種持續減少。

　　近年來，隨著人類及貨物在全球流通往來，從肉食動物到病原菌的各種生物也跟著被帶進不同地區。其中一部分對當地原生生物帶來不好的影響，情況嚴重時甚至會造成物種滅絕。一般認為，像臺灣這樣的島嶼一旦遭到外來種入侵，更容易引發物種滅絕的問題。

想知道更多
會對生態系造成嚴重影響的外來種稱為「外來入侵種」。

6 動物的未來

原來有些生物被人類視為「威脅」啊！

169

下課時間

自然恢復需要時間

　　大自然中經常發生如火山爆發、颱風、海嘯、倒木（樹木倒塌）等各式各樣的變化。隨著時間經過，大自然會一點一滴地恢復。

　　話雖如此，自然恢復需要很長一段時間。舉例來說，當森林裡有老樹倒塌，使陽光照進了那塊讓出的空間，促進年輕樹木及花草一邊競爭一邊壯大，直到森林恢復成原本的狀態，需要好幾十年的時間。

　　大自然原本就具有將人類毀壞的自然環境加以修復的力量，但是要還原穩定的生態系可能得耗費好幾千年。

照片攝於日本阿寒的原生林內。
巨樹倒塌會帶動新的植物接連誕生。

為了守護動物，讓我們從愛護大自然開始做起吧！

十二年國教課綱對照表

頁碼	單元名稱	階段/科目	《動物的學校》十二年國教課綱自然科學領域學習內容架構表
020	動物從何時開始出現？	國小/自然	INb-Ⅲ-6 動物身體的構造不同，有不同的運動方式。
022	以前沒有巨大的「哺乳類」？	國小/自然	INc-Ⅲ-9 不同的環境條件影響生物的種類和分布，以及生物間的食物關係，因而形成不同的生態系。 INe-Ⅲ-12 生物的分布和習性，會受環境因素的影響；環境改變也會影響生存於其中的生物種類。
024	表示生物演化的「親緣關係樹」	國小/自然	INb-Ⅲ-8 生物可依其形態特徵進行分類。
		國中/生物	Gc-Ⅳ-1 依據生物形態與構造的特徵，可以將生物分類。
026	什麼是演化？如何發生的？	國小/自然	INb-Ⅱ-4 生物體的構造與功能是互相配合的。 INb-Ⅱ-7 動植物體的外部形態和內部構造，與其生長、行為、繁衍後代和適應環境有關。
028	表示生物分類的親緣關係樹	國小/自然	INb-Ⅲ-8 生物可依其形態特徵進行分類。
		國中/生物	Gc-Ⅳ-1 依據生物形態與構造的特徵，可以將生物分類。
030	為什麼生物分成雄性和雌性？	國小/自然	INd-Ⅲ-4 生物個體間的性狀具有差異性；子代與親代的性狀具有相似性和相異性。
		國中/生物	Ga-Ⅳ-1 生物的生殖可分為有性生殖與無性生殖，有性生殖產生的子代其性狀和親代差異較大。 Ga-Ⅳ-4 遺傳物質會發生變異，其變異可能造成性狀的改變，若變異發生在生殖細胞可遺傳到後代。
032	地底深處也有生物世界	國小/自然	INc-Ⅲ-9 不同的環境條件影響生物的種類和分布，以及生物間的食物關係，因而形成不同的生態系。
034/ 036	陸地生物之間的關係/ 海洋生物之間的關係	國小/自然	INa-Ⅲ-9 植物生長所需的養分是經由光合作用從太陽光獲得的。 INc-Ⅲ-9 不同的環境條件影響生物的種類和分布，以及生物間的食物關係，因而形成不同的生態系。
		國中/生物	Bc-Ⅳ-3 植物利用葉綠體進行光合作用，將二氧化碳和水轉變成醣類養分，並釋出氧氣；養分可供植物本身及動物生長所需。 Bd-Ⅳ-1 生態系中的能量來源是太陽，能量會經由食物鏈在不同生物間流轉。 Bd-Ⅳ-3 生態系中，生產者、消費者和分解者共同促成能量的流轉和物質的循環。 Gc-Ⅳ-2 地球上有形形色色的生物，在生態系中擔任不同的角色，發揮不同的功能，有助於維持生態系的穩定。
038	提供生態系動力的「關鍵」物種	國小/自然	INc-Ⅲ-9 不同的環境條件影響生物的種類和分布，以及生物間的食物關係，因而形成不同的生態系。 INe-Ⅲ-12 生物的分布和習性，會受環境因素的影響；環境改變也會影響生存於其中的生物種類。
040	不同的生態系維繫著各式各樣的物種		
044	從骨骼來觀察狗與貓的差異吧	國小/自然	INb-Ⅱ-7 動植物體的外部形態和內部構造，與其生長、行為、繁衍後代和適應環境有關。 INb-Ⅲ-6 動物的形態特徵與行為相關，動物身體的構造不同，有不同的運動方式。
046	為什麼有這麼多種狗呢？	國中/生物	Ga-Ⅳ-4 遺傳物質會發生變異，其變異可能造成性狀的改變，若變異發生在生殖細胞可遺傳到後代。
050	狗與貓的祖先「小古貓」是什麼樣的動物？	國中/生物	
052	貓熊可愛長相的祕密與吃竹子有關！	國小/自然	INb-Ⅱ-4 生物體的構造與功能是互相配合的。 INb-Ⅱ-7 動植物體的外部形態和內部構造，與其生長、行為、繁衍後代和適應環境有關。
054	為什麼長頸鹿的脖子那麼長？	國小/自然	
056	像斑馬的「獾㹴狓」是生活在密林裡的長頸鹿！	國小/自然	
058	大象的祖先過去曾在海中游泳？	國小/自然	
060	潛身大海的哺乳類鯨豚的獨特生活方式	國小/自然	
062	使用嘴喙的感應器來捕捉獵物的鴨嘴獸	國小/自然	

172

064	鳥翅演化出飛行能力的過程	國小 / 自然	INb- II -4　生物體的構造與功能是互相配合的。 INb- II -7　動植物體的外部形態和內部構造，與其生長、行為、繁衍後代和適應環境有關。
066	有些鳥雖然有羽毛卻無法飛翔！	國小 / 自然	
068	專精於在陸地上奔跑的鴕鳥	國小 / 自然	
070	姿態彷彿翱翔空中！在海裡悠游的企鵝	國小 / 自然	
072	龜殼有什麼作用？	國小 / 自然	
076	廣布於全球海域的烏賊是演化的大贏家！	國小 / 自然	
078	樂園的滅亡	國小 / 自然	INf- II -5　人類活動對環境造成影響。 INe- III -12　生物的分布和習性，會受環境因素的影響；環境改變也會影響存在於其中的生物種類。 INg- II -2　人類活動與其他生物的活動會相互影響，不當引進外來物種可能造成經濟損失和生態破壞。
		國中 / 生物	Lb- IV -2　人類活動會改變環境，也可能影響其他生物的生存。
080	為什麼動物會組成「群體」？	國小 / 自然	INc- III -8　在同一時期，特定區域上，相同物種所組成的群體稱為「族群」。
082	各種動物基於不同目的組成群體	國小 / 自然	INc- III -8　在特定區域由多個族群結合而組成「群集」。
088	各種動物有不同的結婚形式	國小 / 自然	INe- III -11　動物有覓食、生殖、保護、訊息傳遞以及社會性的行為。
090	確保食物來源及結婚對象的「領域」	國小 / 自然	
092	幫助親戚有其意義	國小 / 自然	
094	吸血蝠也會幫助非親戚的同類	國小 / 自然	
096	動物世界中的清潔員與顧客	國小 / 自然	INe- III -13　生態系中生物與生物彼此間的交互作用，有寄生、共生和競爭的關係。
098	寄生並控制對方的可怕動物	國小 / 自然	
100	動物對植物來說是搬運工	國小 / 自然	
102	有些動物會飼養並利用別種動物	國小 / 自然	
104	吃或被吃的求生大戰①	國小 / 自然	INb- II -7　動植物體的外部形態和內部構造，與其生長、行為、繁衍後代和適應環境有關。
106	吃或被吃的求生大戰②	國小 / 自然	INb- III -7　植物各部位的構造和所具有的功能有關，有些植物產生特化的構造以適應環境。
116	為了爭奪雌性，拼了命也要贏！	國小 / 自然	INb- II -4　生物體的構造與功能是互相配合的。 INb- II -7　動植物體的外部形態和內部構造，與其生長、行為、繁衍後代和適應環境有關。
118	飄浮在空中！蜂鳥「拍動翅膀」的祕密	國小 / 自然	
120	乘風飛翔！大型鳥類「滑翔」的祕密	國小 / 自然	
122	宛如忍者！在水面上奔跑的雙冠蜥	國小 / 自然	
124	巢的功能①生育後代	國小 / 自然	INe- III -11　動物有覓食、生殖、保護、訊息傳遞以及社會性的行為。
126	巢的功能②躲避外敵侵擾	國小 / 自然	
128	巢的功能③捕捉獵物	國小 / 自然	
130	巢的功能④冬眠時的睡鋪	國小 / 自然	
132	大家一起興建宛如公寓的巢穴	國小 / 自然	INe- III -11　動物有覓食、生殖、保護、訊息傳遞以及社會性的行為。 INe- III -13　生態系中生物與生物彼此間的交互作用，有寄生、共生和競爭的關係。
134	各式各樣的動物卵	國小 / 自然	INb- II -7　動植物體的外部形態和內部構造，與其生長、行為、繁衍後代和適應環境有關。

頁碼	標題	學習階段	學習內容
136	蛹的內部充滿了黏稠液體？毛毛蟲是怎麼變成蝴蝶的？	國小 / 自然	INb-II-7 動植物體的外部形態和內部構造，與其生長、行為、繁衍後代和適應環境有關。 INc-III-7 動物體內的器官系統是由數個器官共同組合，以執行某種特定的生理作用。
138	昆蟲視力絕佳的祕密	國小 / 自然	INb-II-7 動植物體的外部形態和內部構造，與其生長、行為、繁衍後代和適應環境有關。
140	獨角仙的幼蟲對疾病很有抵抗力！	國小 / 自然	INd-III-5 生物體接受環境刺激會產生適當的反應，並自動調節生理作用以維持恆定。
		國中 / 生物	Ga-IV-5 生物技術的進步，有助於解決農業、食品、能源、醫藥，以及環境相關的問題。
142	鳳蝶能透過前腳試吃味道	國小 / 自然	INb-II-7 動植物體的外部形態和內部構造，與其生長、行為、繁衍後代和適應環境有關。
144	利用各種方法來聯繫同類的昆蟲	國小 / 自然	INb-II-7 動植物體的外部形態和內部構造，與其生長、行為、繁衍後代和適應環境有關。 INe-II-10 動物的感覺器官接受外界刺激引起生理和行為反應。
		國中 / 生物	Db-IV-5 動植物體適應環境的構造常成為人類發展各種精密儀器的參考。
148	危險的工作就交給長者！工蜂的分工制度	國小 / 自然	INe-III-11 動物有覓食、生殖、保護、訊息傳遞以及社會性的行為。
150	為什麼蟑螂逃跑的速度可以那麼快？	國小 / 自然	INb-II-7 動植物體的外部形態和內部構造，與其生長、行為、繁衍後代和適應環境有關。 INe-II-10 動物的感覺器官接受外界刺激引起生理和行為反應。 INb-III-6 動物的形態特徵與行為相關，動物身體的構造不同，有不同的運動方式。
152	外表可愛卻是世界最強？神祕生物水熊蟲	國小 / 自然	INd-III-5 生物體接受環境刺激會產生適當的反應，並自動調節生理作用以維持恆定。
154	什麼是「生物多樣性」？	國小 / 自然	INd-III-6 生物種類具有多樣性；生物生存的環境亦具有多樣性。 INg-III-3 生物多樣性對人類的重要性。
158	造成動物生活改變的「地球暖化」	國小 / 自然	INg-III-3 氣候變遷將對生物生存造成影響。 INg-III-4 人類的活動會造成氣候變遷，加劇對生態與環境的影響。
		國中 / 跨科	INg-IV-5 生物活動可改變環境，環境改變之後也會影響生物活動。 INg-IV-8 氣候變遷產生的衝擊是全球性的。
		國中 / 生物	Lb-IV-2 人類活動會改變環境，也可能影響其他生物的生存。 Nb-IV-1 全球暖化對生物的影響。
160	人類導致動物「滅絕」的原因有哪些？	國小 / 自然	INg-III-4 人類的活動會造成氣候變遷，加劇對生態與環境的影響。
		國中 / 生物	Lb-IV-2 人類活動會改變環境，也可能影響其他生物的生存。
162	由於農業需求遭到破壞的動物棲息地	國小 / 自然	INg-III-7 人類行為的改變可以減緩氣候變遷所造成的衝擊與影響。
		國中 / 跨科	INg-IV-9 因應氣候變遷的方法，主要有減緩與調適兩種途徑。
164	人類活動汙染河川及海洋	國小 / 自然	INg-III-7 人類行為的改變可以減緩氣候變遷所造成的衝擊與影響。
		國中 / 生物	Lb-IV-2 人類活動會改變環境，也可能影響其他生物的生存。
166	海水溫度上升造成珊瑚礁死亡	國小 / 自然	INg-III-3 氣候變遷將對生物生存造成影響。
		國中 / 跨科	INg-IV-8 氣候變遷產生的衝擊是全球性的。
		國中 / 生物	Nb-IV-1 全球暖化對生物的影響。
168	人類引進的生物破壞生態系	國小 / 自然	INe-III-13 生態系中生物與生物彼此間的交互作用，有寄生、共生及競爭的關係。
		國中 / 生物	Lb-IV-2 人類活動會改變環境，也可能影響其他生物的生存。
170	自然恢復需要時間	國小 / 自然	INg-III-7 人類行為的改變可以減緩氣候變遷所造成的衝擊與影響。
		國中 / 生物	Lb-IV-3 人類可採取行動來維持生物的生存環境，使生物能在自然環境中生長、繁殖、交互作用，以維持生態平衡。 Ma-IV-2 保育工作不是只有科學家能夠處理，所有的公民都有權利及義務，共同研究、監控及維護生物多樣性。

Photograph

10~13	（レッサーパンダ）makieni/stock.adobe.com,（アライグマ）GUAN JIANGCHI/stock.adobe.com,（タヌキ）Kirill/stock.adobe.com,
14~17	シマウマ）hal_pand_108/stock.adobe.com,（オカピ）Marcel Schauer/stock.adobe.com,（ライオン）PIOTR/stock.adobe.com,（トラ）gudkovandrey/stock.adobe.com,
18	Paul Souders/Danita Delimont/stock.adobe.com
33	©JAMSTEC
38~39	（ビーバー）annette shaff/stock.adobe.com,（ダム）gaelj/stock.adobe.com,
40~41	（沿岸）paylessimages/stock.adobe.com,（海）blueworldsender/stock.adobe.com,（森林）Stéphane Bidouze/stock.adobe.com,（島）Miguel/stock.adobe.com
44~45	Newton Press・安友康博,茂原信生
46~47	（ゴールデンレトリバー）Lisa Svara/stock.adobe.com,（バセットハウンド）bomoge.pl/stock.adobe.com,（オーストラリアンテリア）Vincent/stock.adobe.com,（エアデールテリア）mariof/stock.adobe.com,（ビアデットコリー）CallallooAlexis/stock.adobe.com,（アイリッシュウォータースパニエル）Designpics/stock.adobe.com,（ビチョンフリーゼ）Designpics/stock.adobe.com,
48~49	（オオカミ）fotomaster/stock.adobe.com,（バセンジー）jagodka/stock.adobe.com,（チャイニーズシャーペイ）Ricant Images/stock.adobe.com,（柴犬）Erik Lam/stock.adobe.com,（チャウチャウ）cynoclub/stock.adobe.com,（シベリアンハスキー）shige/stock.adobe.com,（アフガンハウンド）mariof/stock.adobe.com
68-69	Radek/stock.adobe.com
74-75	林 敦彦/Newton Press（骨格標本提供：GALVANIC）
78	Naoki Nishida/stock.adobe.com
81	（イワシ）Andrea Izzotti/stock.adobe.com.（ペンギン）Sergey/stock.adobe.Com,（ミーアキャット）Kim/stock.adobe.com,（シマウマ）Jurgens/stock.adobe.com
82~83	（ライオン）Cat Bell/stock.adobe.com,（カモメ）MATTil grafico/stock.adobe.com,（バッタ）as_trofeystock.adobe.com,（ヌーとシマウマ）Rixie/stock.adobe.com,
87	AGAMI/stock.adobe.com
91	petreltail/stock.adobe.com,安ちゃん/stock.adobe.com,蓑美前田/stock.adobe.com
93	belizar /stock.adobe.com,Eric Isselée/stock.adobe.com,
94	gabriel/stock.adobe.com
97	Daniel Lamborn/stock.adobe.com, riduan ridal ahm
99	カマキリ）Masaharu Shirosuna/stock.adobe.com,（ヘリコバクターピロリ）Tatiana Shepeleva/stock.adobe.com,（胃の顕微鏡画像）David A Litman/stock.adobe.com,（ノミ）MiSt/stock.adobe.com,（ダニ）andriano_cz/stock.adobe.com
101	makieni/stock.adobe.com,ogawaay/ stock.adobe.com
102	Tetsuya Mitai/stock.adobe.com
105	（ナナフシ）みのり/stock.adobe.com,（シャクトリムシ）wafune/stock.adobe.com,（スズメバチ）ジュンイチ ササキ/stock.adobe.com,（アブ）F_studio/stock.adobe.com
107	佐藤宏明,© 2020 Elsevier Inc.
111	Willem Van zyl/stock.adobe.com, K.A/stock.adobe.com
112-113	Al Carrera/stock.adobe.com
113	Bluegreen Pictures/ アフロ
114~115	（コーヒー）Nishihama/stock.adobe.com,（生薬）hirosumu/stock.adobe.com,（土壌）Tinnakorn/stock.adobe.com,（分子）molekuul.be/stock.adobe.com
117	naturespy/stock.adobe.com
119	Chesampson/stock.adobe.com, 劉浩（千葉大学）
121	PROMA/stock.adobe.com,ZENPAKU/stock.adobe.com
123	ArtushFoto/stock.adobe.com,Tonia Hsieh (Temple University)
124~125	aee_werawan/stock.adobe.com,natal/stock.adobe.com
126~127	Enrique/stock.adobe.com,Jillian/stock.adobe.com
128	Rolf Nussbaumer/Danita Delimont/stock.adobe.com,
130~131	（ヒグマ）byrdyak/stock.adobe.com,（リス）imur/stock.adobe.com,（チンパンジー）Kristin Mosher/Danita Delimont/stock.adobe.com
132~133	dblumenberg/stock.adobe.com, Christian/stock.adobe.com,169169/stock.adobe.com
134	Tomasz/stock.adobe.com, sweeming YOUNG/stock.adobe.com, ealityImages/stock.adobe.com,dreamnikon/stock.adobe.com
137	jasmine/stock.adobe.com,Masahiro/stock.adobe.com
139	toyosaka/stock.adobe.com
141	kelly marken/stock.adobe.com
152	rukanoga/stock.adobe.com
155	oben901/stock.adobe.com
156-157	Koji.i/stock.adobe.com
159	（コムクドリ）askaflight/stock.adobe.com.（ホッキョクグマ）Alexey Seafarer/stock.adobe.com,（ナガサキアゲハ）FUJIOKA Yasunari/stock.adobe.com.（サクラ）UbisP/stock.adobe.com
161	（森林）Marcio Isensee e Sa/stock.adobe.com,（トキ）Naoki Nishio/stock.adobe.com,（キョン）dennisjacobsen/stock.adobe.com
162-163	Marcio Isensee e Sá/stock.adobe.com
164-165	Jacques Descloitres, MODIS Land Rapid Response Team;NASA/GSFC
166-167	Uniphoto Press
168-169	田口茂男/ネイチャー・プロダクション
170-171	Saitan/stock.adobe.com

Illustration

◇キャラクターデザイン　宮川愛理

28~31	Newton Press
35~37	黒瀧仁久
50-51	黒田清桐
52~67	Newton Press
70~78	Newton Press
85~89	Newton Press
101	Newton Press
109	Newton Press
117	Newton Press
137~141	Newton Press
143	重 治
144~151	Newton Press
154-155	Newton Press
161	羽田野乃花

175

國家圖書館出版品預行編目(CIP)資料

動物學校 / 日本Newton Press作；蔣詩綺翻譯. --
第一版. -- 新北市：人人出版股份有限公司, 2024.11
　面；　公分. -- (兒童伽利略系列；1)
ISBN 978-986-461-406-6 (平裝)

1.CST: 動物　2.CST: 動物生態學　3.CST: 通俗作品

383.5　　　　　　　　　　　　　　113013696

兒童伽利略 ①
動物學校

作者／日本Newton Press

翻譯／蔣詩綺

審訂／王存立

發行人／周元白

出版者／人人出版股份有限公司

地址／231028新北市新店區寶橋路235巷6弄6號7樓

電話／(02)2918-3366（代表號）

傳真／(02)2914-0000

網址／www.jjp.com.tw

郵政劃撥帳號／16402311人人出版股份有限公司

製版印刷／長城製版印刷股份有限公司

電話／(02)2918-3366（代表號）

香港經銷商／一代匯集

電話／（852）2783-8102

第一版第一刷／2024年11月

定價／新台幣400元

港幣133元

NEWTON KAGAKU NO GAKKO SERIES DOBUTSU NO GAKKO
Copyright © Newton Press 2023
Chinese translation rights in complex characters arranged with
Newton Press
through Japan UNI Agency, Inc., Tokyo
www.newtonpress.co.jp

●著作權所有　翻印必究●